シリーズ 戦争学入門

# 航空戦

フランク・レドウィッジ 著

矢吹　啓 訳

創元社

**Frank Ledwidge, *Aerial Warfare***

# シリーズ「戦争学入門」序言

好むと好まざるとにかかわらず、戦争は常に人類の歴史と共にあった。だが、日本では戦争について正面から研究されることは少なかったように思われる。とりわけ第二次世界大戦（太平洋戦争）での敗戦を契機として、戦争をめぐるあらゆる問題がいわばタブー視されてきた。

そうしたなか、監修者を含めてシリーズ「戦争学入門」に参画した研究者は、日本に真の意味での戦争学を構築したいと望んでいる。もちろん戦争学とは、単に戦闘の歴史、戦術、作戦、戦略、兵器などについての研究に留まるものではない。戦争が人類の営む大きな社会的な事象の一つであるからには、おのずと戦争学とは社会全般の考察、さらには人間そのものへの考察にならざるを得ない。

本シリーズは、そもそも戦争とは何か、いつから始まったのか、なぜ起きるのか、そして平和とは一体何を意味するのか、といった根源的な問題を多角的に考察することを目的としている。確認するが、戦争は人類が営む大きな社会的な事象である。そうであれば、社会の変化と戦争の様相には密接な関係性が認められるはずである。

「軍事学」でも「防衛学」でも「安全保障学」でもなく、あえて「戦争学」といった言葉を用いるのも、戦争と社会全般の関係性をめぐる学問領域の構築を目指しているからである。

具体的には、戦争と社会、戦争と人々の生活、戦争と法、戦争をめぐる思想あるいは哲学、戦争と倫理、戦争と宗教、戦争と技術、戦争と経済、戦争と文化、戦争と芸術といった領域を、理論——「横軸」——と歴史あるいは実践——「縦軸」——を文字通り縦横に駆使した、学術的かつ学際的なものが戦争学である。当然、そこには生物学や人類学、そして心理学に代表される人間そのものに向き合う学問領域も含まれる。

戦争と社会が密接に関係しているのであれば、あらゆる社会にはその社会に固有の戦争の様相、さらには、あらゆる時代にはその時代に固有の戦争の様相が現れる。そのため、二一世紀には二一世紀の社会に固有の戦争の様相、さらには戦争と平和の関係性が存在するはずである。問題は、戦争がいかなる様相を呈するかを見極めること、そして、可能であればこれを極力抑制する方策を考えることである。その意味で本シリーズには、「記述的」であると同時に「処方的」な内容のものも含まれるであろう。

また、本シリーズの目的には、戦争学を確立する過程で、平和学と知的交流を強力に推進することがある。

戦争学は、紛争の予防やその平和的解決、軍縮および軍備管理、国連に代表される国際組織によるさまざまな平和協力・人道支援活動、そして平和思想および反戦思想などもその対象とする。実は戦争学の射程は、平和学と多くの関心事項を共有しているのである。

よく考えてみれば、平和を「常態」とし、戦争を「逸脱」と捉える見方は誤りなのであろう。なるほど戦争は負の側面を多く含む事象であるものの、決して平和の影のような存在ではない。その意味において、戦争を軽視することは平和の軽視に繫がるのである。だからこそ、古代ローマの金言に「平和を欲すれば、戦争に備えよ」といったものが出てきたのであろう。

戦争をめぐる問題を多角的に探究するためには、平和学との積極的な交流が不可欠となる。戦争を研究しようと平和を研究しようと、双方とも学際的な分析手法が求められる。また、どちらも優れて政策志向的な学問領域である。戦争学と平和学の相互交流によって生まれる相乗効果が、世界が複雑化し混迷化しつつある今日ほど求められる時代はないであろう。

繰り返すが、「平和を欲すれば、戦争に備えよ」と言われる。だが、本シリーズは「平和を欲すれば、戦争を研究せよ」との確信から生まれてきたものである。なぜなら、戦争は恐ろしいものであるが、簡単には根絶できそうになく、当面はこれを「囲い込み」、「飼い慣らす」以外に方策が見当たらないからである。

シリーズ「戦争学入門」によって、長年にわたって人類を悩ませ続けてきた戦争について、その理解の一助になればと考えている。もちろん、日本において「総合芸術（Gesamtkunstwerk）」としての戦争学が、確固とした市民権を得ることを密かに期待しながら。

第二期は、日本国内の新進気鋭の研究者に戦争や平和をめぐる問題について執筆をお願いした。執筆者はみな、それぞれの政治的立場を超え、日本における戦争学の発展のために尽力して下さったため、非常に読み応えのある内容となっている。

第三期は、第一期と同様、優れた英語文献の翻訳である。テーマの重要性はもとより、翻訳担当者もそれぞれの専門家に担当していただくため、やはり読み応えのあるシリーズになっていると思う。

シリーズ監修者　石津朋之
（防衛省防衛研究所　戦史研究センター長）

# 謝辞

本書を書くための研究と執筆の過程では、エア・パワーとその歴史について造詣が深いたくさんの人々から大きな助けを得た。すべての人を挙げて感謝することはいつも難しいが、無理を承知でやってみよう。

〔英空軍大学校が所在する〕クランウェル空軍基地では素晴らしい同僚たちに恵まれ、彼らは学術的な知識や実務的な知識を共有してくれた。アンドルー・コンウェイ博士、マル・クラグヒル空軍中佐（退役）、クリス・フィン空軍大佐（退役）、カール・ハートフォード博士、ベン・ジョーンズ博士、ピーター・リー博士、アギー・モリソン空軍少佐、スティーヴン・パジェット博士、マシュー・パウエル博士、ロブ・スパルトン陸軍少佐、ティム・ディーンは、親切にも原稿全体やその一部に目を通し、修正や指摘をしてくれた。それはイスラエルのベギン・サダト戦略研究センターのエイタン・シャミル博士も同様である。ステルス技術の歴史に関するアーサー・ミラー教授の洞察は興味深いものであった。クランウェルの優秀な図書館員の親切と慰安、優れた助言にも感謝したい。また、ルシアン・ヘイとニコラ・ベイノンの冷静な業務遂行力のおかげで、皆が効率的に仕事をすることができる。ノッティンガム大学のエド・バーク博士とベッティーナ・レンツ博士、レディング大学のウラジーミル・ラウタ博士はとても協力的で親切であった。軍人によるエア・パワー研究の第一人者、ジョン・アンドレアス・オルセン空軍大佐は、いかにも彼らしくきわめて面倒見がよく、いつも励ましてくれた。

シャシャンク・ジョシとジャスティン・ブロンクは、英王立防衛安全保障研究所（RUSI）を代表する評論家、専門家の二人であるが、それぞれ本書の一節に目を通してくれた。これは望外のことであり、大変感謝している。

また、オックスフォード大学出版局の匿名レビュアーに加えて、本書の編集者である忍耐強いジェニー・ニュージー、ガネサン・カヤルヴィジ率いる制作チーム、コピーエディターのエドウィン・プリチャード、校正者のレベッカ・ブライアントにも感謝したい。彼らの指摘はすべて建設的かつ有益で、本書をはるかによいものにしてくれた。本書に誤りがあるとすれば、それは私の責任である。

イギリス空軍（ロイヤル・エア・フォース）の生まれ故郷であるクランウェルの空軍士官と士官候補生たちにも言及しなければならない。私は長年にわたって彼らから非常に多くを学んできた。その一部については本書のなかに盛り込んだつもりである。彼らから学んだ専門知識は、冷戦期の重層的防空網の複雑性から、現代の戦闘において携帯型ドローンがどう役に立つかにまで多岐にわたる。

これらすべての素晴らしい人々の助力と助言の価値は計り知れない。間違いがあるとすれば、それは私が助言を無視したからである。

最後になるが、私の家族——ネヴィとジェイムズ——は、「本を書かないといけないのが分からないのか」と私が毎晩のように不機嫌そうに言っても我慢してくれた。しばらくは、そんな我慢をする必要はないであろう！

目次

## 第7章 エア・パワーの極致——一九八三～二〇〇一年

装丁　濱崎実幸

| | |
|---|---|
| **OODA** | Observe, Orient, Decide, and Act　観察・適応・決断・行動 |
| **PGMs** | precision-guided munitions　精密誘導弾 |
| **RAP** | recognized air picture　航空状況認識図 |
| **RDF** | radio direction finding　無線方向探知（1940年以降は、世界的には無線方向測定・測距を略した「レーダー」と呼称） |
| **RPAS** | remotely piloted aircraft system　遠隔操縦航空機システム（UAVやドローンとも呼ばれる） |
| **SAM** | surface-to-air missile　地対空ミサイル |
| **SEAD** | suppression of enemy air defences　敵防空網制圧 |
| **UAV** | unmanned aerial vehicle　無人航空機（RPASやドローンとも呼ばれる） |
| **USSBS** | US Strategic Bombing Survey　米戦略爆撃調査 |
| **VPA** | Vietnamese People's Army　ヴェトナム人民軍 |

［訳語注記］

本書では、英語圏での概念や用法を踏まえて、command of the airを「制空」、control of the airを「空の管制」と訳し分けている。詳細については訳者解説をご参照いただきたい。

図　空の管制のスペクトラム

| 空の管制<br>Control of the Air | | | | |
|---|---|---|---|---|
| Air supremacy<br>敵の絶対的航空優勢<br>（≒制空） | Air superiority<br>敵の航空優勢 | Air parity<br>航空均衡<br>（拮抗） | Air superiority<br>航空優勢 | Air supremacy<br>絶対的航空優勢<br>（≒制空） |

# 略語一覧

軍事に関する大半のテーマでそうであるように、エア・パワーでも多数の略語が用いられている。以下に本書に登場する略語をまとめておく。［一部割愛、また翻訳にあたって略語の使用を極力避けた。］

| | |
|---|---|
| A2AD | Anti-Access Area Denial　接近阻止・領域拒否 |
| AAR | air-to-air refuelling　空中給油 |
| ABM | Aerospace Battle Management　空域戦闘管理（航空戦闘管理） |
| ACTS | Air Corps Tactical School　米陸軍航空隊戦術学校 |
| AEF | American Expeditionary Force　米遠征軍 |
| AEW | airborne early warning　空中早期警戒 |
| AWACS | airborne [early] warning and control system　空中（早期）警戒管制システム |
| C2 | command and control　指揮・統制 |
| C3 | command, control, and communications　指揮・統制・通信 |
| CAS | close air support　近接航空支援 |
| ECM | electronic countermeasures　電子妨害 |
| GBAD | ground-based air defences　地上配備型防空システム |
| GPS | global positioning system　全地球測位システム |
| IADS | integrated air defence system　統合防空システム |
| IS | Islamic State　イスラム国 |
| ISTAR | intelligence, surveillance, target acquisition, and reconnaissance　情報収集・監視・目標捕捉・偵察 |
| JSTARS | joint surveillance target attack radar system　統合監視目標攻撃レーダー・システム |
| MEDEVAC | medical evacuation　医療後送、メディヴァク |
| NATO | North Atlantic Treaty Organization　北大西洋条約機構 |
| NLF | National Liberation Front　国民解放戦線、ヴェトコン |
| OCA | offensive counter-air　攻勢対航空 |

シリーズ 戦争学入門

# 航空戦

# 第1章　エア・パワーの基礎

## 1　エア・パワーとは

エア・パワーは「諸アクターの行動や事態の趨勢に影響を及ぼすために、空中において、また空から航空能力(エア・ケイパビリティ)を利用しうる実力(アビリティ)」である。イギリス空軍が採用するこの定義は、ほかのどんな定義にも劣らず有用である。何十年にもわたり、エア・パワーは主要大国が反抗的な相手を強制するために用いる基本ツールであった。今日では、こうした「航空能力」を振るうのは、爆弾を投下する有人航空機かもしれないし、無人航空機や誘導ミサイルである可能性もある。実戦展開(デプロイメント)の諸原則——いわばエア・パワーの「文法(グラマー)」——は、過去一〇〇年以上にわたりほとんど変化していない。技術——いわば「語彙(ボキャブラリー)」——だけが変化してきたのである。一九一八年には、「風防のない」開放型操縦席に座る油まみれの航空機搭乗員が、第一次世界大戦の無数の弾孔があく戦場の上空を飛ぶ羽布張りの複葉機を操縦した。二〇一八年には、彼らのひ孫たちが、技術の粋を集めた小部屋のコンピュータ画面を見つめながら、何千マイルも離れた土埃の舞う村落の上空を飛ぶドローンを操縦する。両者が果たす役割はほぼ同じである。

過去一世紀における主要な軍事技術の一つ――最も支配的な軍事技術ではないにせよ――として、エア・パワーは驚くほど急速に発展してきた。もちろん、ある意味では、航空機は銃砲や潜水艦のような軍事技術の一つにすぎない。銃砲と潜水艦も軍事紛争に大きな影響を及ぼしてきた。しかしながら、エア・パワーには、ほかに類を見ない特性がいくつかある。第一に、遍在（*ubiquity*）の可能性である。エア・パワーの初期の「予言者」の一人であるジュリオ・ドゥーエ（一八六九～一九三〇）は、一九二一年にこう記した。「航空機には行動と針路の完全な自由がある。任意の二点間を最短時間――直線航路――で移動することができるので、必要とされるいかなる経路で飛ぶこともできる」。

第二に、広範な観測を可能にする相当な高度（*height*）で飛ぶこともできよう。第三に、陸海両方の上空にまたがる活動域（*reach*）がある。地理的障害には影響を受けない。最後に、航空機は相当な速度（*speed*）で行動し、一般的に地上ないし海上の乗り物よりもはるかに高速で動くことができる。航空機の活動には制約もある。顕著なのは非永続性（インパーマネンス）である。空中給油と長航続時間の利点にもかかわらず、現在でも標的の上空を無限に飛び続けることのできる航空機は存在しない。航空機は領土を保持することはできないし、「地上展開部隊（ブーツ・オン・ザ・グラウンド）」の代わりにもならない。ところが、それにもかかわらず軍事計画立案者たちは航空機にまさに地上軍の代わりを務めさせようとする。

航空機が陸上および海での戦争遂行を戦術次元で根本的に変化させたことは間違いない。しかしながら、航続距離が伸び、航空機が敵防衛線を越えて敵の都市や基地を空爆するようになってからというもの、エア・パワーには戦略的効果があり、エア・パワーのみで政治目標を達成することができると考える風潮が根強くある。こうした願望ゆえに、現代の諸国の政治家たちはエア・パワーをきわめて困難な政治問題や安全保障問題の解決策たり得るものの一つと見なすようになっているのである。果たして航空機は実際に戦略的成果を達成することができるのか、という議論が本書の全体を貫いている。

これまで膨大な量の資源が軍用航空機の開発と製造に費やされてきたし、現在でも費やされている。これはいまも昔も変わっていない。エア・パワーの発展と実戦展開、可能性に関する問題は、いやが応でも皆の関心事である。ほかの一切の考慮すべきことを別にしても、皆がその費用を負担しているのである。

## 2　本書の構成

当初から、この新技術は軍事に応用しうることが明らかであった。一九〇三年に世界初の動力飛行を実現したライト兄弟は、伝説にあるような素朴な自転車製作者ではない。もっと正確に言えば、それだけの存在ではなかった。ちょうど今日の航空機技術者に必須であるように、ライト兄弟は複雑な航空数学と航空工学の理論を熟知していた。航空機に軍事的側面があることはもとより明白であった。またライト兄弟は研究を続けるために軍との契約を希望していることを公言しており、やがて実際に契約を結んだ。一九〇八年、［ライト兄弟の飛行実験を目撃した］ある「デイリー・メイル」紙通信員は、イギリスの新聞王であるノースクリフ子爵に以下の電報を送った。「飛行機は主に兵器を意図していた」。

第2章で扱う第一次世界大戦は、飛行機が実際に兵器になること、しかも非常に恐るべき兵器になることを示した。第一次世界大戦のどの戦線でも決定的な兵科となることはなかったが、機動力（モビリティ）［空輸］の可能性を除けば、その将来の実戦展開のあらゆる要素が現れていた。戦争が終結する頃には、交戦国は何千機という航空機に加えて、それに付随する行政・兵站（へいたん）機構を保有していた。世界初の独立航空部隊（エア・アーム）となったイギリス空軍は、戦争終結時には創設されている。第3章で扱う第一次世界大戦後の年月には、何人かの理論家たちが、この新しい有望な軍事領域をどうすれば非常に効果的に活用することができるかを検討していた。これらの理論家たちは、いまや戦争の本質そのものが変化したのであり、国家を構成するあらゆる要素が最前線に晒（さら）されるかもしれないと主張した。彼らは、エア・パワーのみで戦争に勝利することができると喧伝（けんでん）した。自国政府に降伏を強いるほどに市民を恐慌に陥れたり、あるいは戦争を続けるための国家の産業能力を壊滅させたりすることを通じて、勝利をもたらすと言うのである。これは「戦略爆撃」と名付けられ、いまでもそう呼ばれているが、それが「戦略的」であることはめったにない。最も重要なのは、人命と資金の両方の点で、将来の紛争が「古い」戦争よりも安価になるかもしれないという可能性を提示したことであった。

すべての空軍がこうした考えを受け入れたわけではない。第二次世界大戦以前のドイツとソ連の空軍は、敵が展開する部隊を攻撃することで陸軍を支援するのが自らの主任務だと見なしていた。第二次世界大戦では、こうした発想のほか多数の発想が試みられたが、これについては第4章と第5章で扱うことになる。第二次世界大戦ではいくつもの都市の全域が空爆により壊滅した。ドレスデン、ハンブルク、広島、長崎、東京は、ほかにも何十もある事例のうちで最もよく知られているものにすぎない。戦略的有効性、また実にこれらの作戦の道義性に関してはいまだに議論が激しく戦わされているが、ヨーロッパと北アフリカの両地域での戦争において、航空機が戦場での勝利にきわめて重要だったことについては異論がない。太平洋では、米国の産業力が大規模で非常に有力な空母艦隊（航空機および訓練済みの搭乗員を含む）を作り出した。

第6章と第7章は、「平和のための小戦争（スモール・ウォーズ・オヴ・ピース）」を検討することで、第二次世界大戦後の冷戦期を扱う。「平和のための小戦争」の多くは小規模（スモール）でも穏やか（ピースフル）でもなかった。ヴェトナム戦争中には第二次世界大戦で投下された爆弾を合計したよりも多くの爆弾が投下され、大きな被害を生じたが、その政治的成果への影響は、控えめに言っても疑わしいものであった。南アジアから中東まで、アフリカから南大西洋までの各地で起きたそのほかの紛争では、航空機は戦場において決定的であると考えられた。冷戦の終結を画したのは、一種の思考の変化のようなものであった。一九九一年の湾岸戦争とユーゴスラヴィア紛争では、ある新しい思考のもと、エア・パワーはまたしても、「戦争を勝利に導く」可能性がある兵器として脚光を浴びたのである。この時も、エア・パワーの熱狂的支持者たちが信じたいと願う以上に、真実は含み（ニュアンス）のあるものであった。

第8章と第9章では、「テロとの戦い」、ドローン、サイバー戦争という現代の世界に触れ、将来のエア・パワーがどのようなものになるかを簡単に考察する。

ほかのいかなる軍事活動の領域とも同様に、航空戦は雑多な略語を生み出してきた。残念ながら、これらの略語をまったく使わずに済ませる現実的なやり方はない。用語は初出で略語とあわせて示し、以降は略語のみを用いる。本書冒頭には完全な略語一覧がある〔訳書では可読性を考慮し、極力略語の使用を控えた。このため、略語一覧もわずかに割愛した〕。軍事的なエア・パワーの物語を始める前に、現代の紛争地域の近くにある空軍基地を訪れてみよう。そこでは、敵領土の標的に対する攻撃が準備されている。

## 3　空爆のアナトミー

情報担当官と画像分析官たちは、有人偵察機、ドローン（RPAS〔遠隔操縦航空機システム〕やU

AV［無人航空機］とも呼ばれる）、人工衛星から得られた画像を丹念に分析。彼らが標的を選択すると、法律家が標的の空爆は国際人道法、戦争法を遵守していることを確認。軍高官や政治家たちもこのミッションを承認。技術者［航空機整備員］たちは航空機が飛行に耐えることを確かめ、武器弾薬員（アーマラー）たちは適正な爆弾とミサイル（「兵装（オードナンス）」と呼ばれる）を爆弾架に取り付け、機関砲に砲弾を装塡（そうてん）。地上整備員［燃料員］は航空機に給油する。消防員と衛生員は常時待機している。「戦闘捜索救難（コンバット・サーチ・アンド・レスキュー）」チームはブリーフィングを受ける。同チームはヘリコプターで侵入し、敵領土の上空で撃墜され緊急脱出する搭乗員を「救出（エクストラクト）」することになる。これらすべては、きわめて複雑だが通常は円滑に機能する行政・兵站システムによって供給・維持されている。このシステム自体も、補給物資や人員を世界中のどこでも非常に迅速に運ぶことのできる輸送機（機動力）がもたらす利点の恩恵を受けている。

　ミッションに加わる航空機（「ストライク・パッケージ」［戦爆連合編隊］と呼ばれることもある）の搭乗員は、敵側防御網に関する最新の画像と情報に基づいてブリーフィングを受ける。搭乗員は操縦席（コクピット）に入り、航空機ソフトウェア［機上電子機器のソフトウェア］が適切にアップデートされていることを確認し、またミッションに加わるほかの分隊（エレメント）と通信して、自身によるチェックを完了する。離陸の時がやってきたら、航空交通管制官がストライク・パッケージの前方空域に障害がないことを確認する。中立国領土の上空を飛ぶ場合には、外交官が領空通過の許可を取得しているであろう。空に上がると、空域戦闘管理（エアロスペース・バトル・マネジメント）（ABM）チームが引き継ぎ、ミッションに関して同地域に展開する友軍との連携を確保する。

ＡＢＭは、レーダーに加えて電磁スペクトルを探査する電波探知機が詰め込まれた大型航空機を拠点とすることもある。敵の活動を警戒して「戦闘空間（バトル・スペース）」を探査するのみならず、同地域で活動しているかもしれない他国の航空機との「衝突回避（デコンフリクト）」も調整する。

「迅速反応警戒態勢（クイック・リアクション・アラート）」（ＱＲＡ）をとる戦闘機の分隊は、詮索好きな関心、さらには敵対的な関心を思いとどまらせるために待機している。「電子妨害（エレクトロニック・カウンターメジャーズ）」（ＥＣＭ）を担う航空機が参加する可能性も高く、こうした航空機には作戦支援用の強力な電波妨害（ジャミング）装置が搭載されている。ＥＣＭ機搭乗員は、敵レーダーの妨害に加えて、おそらくは敵電子ネットワークの撹乱（かくらん）を試みるであろう。ストライク・パッケージ自体も、潜在的脅威を探知するために広範な電子機器一式を常時利用している。こうした一切の活動は、ミッションの続行を可能にする十分な「空の管制（制空）」（*control of the air*）の確保を意図している。ＡＢＭは、長距離ミッションで必要になるかもしれない空中給油（ＡＡＲ）も調整するであろう。

敵の空域に侵入すると、打撃機は敵の防空網、すなわち戦闘機と地上配備型防空システム（ＧＢＡＤ）の両方を回避する必要があるであろう。対航空機ミサイル（地対空ミサイル〔ＳＡＭ〕）については、ミサイル発射装置に加えてミサイルを制御するレーダーに対処するために——もしＥＣＭがすでに無効化に成功していないとすれば——別の空爆ミッションが発令されているかもしれない。これは「敵防空網制圧」（ＳＥＡＤ）と呼ばれる。低空飛行スキルも敵防空網の回避に役立つであろう。航空機が目標地点に到達すると、標的はレーザーで「マーク」［爆弾誘導用レーザーを照射］されるかもしれない。地上の兵士、おそらく特殊部隊が標的をマークする場合もあるし、高精度の空爆を達成するために全地球測位システム（ＧＰＳ）の座標が利用されることもある。いずれにせよ、目標を空爆する際に、最大限可能な範囲で、民間人の死傷者を回避することが肝要である。なぜなら、「付随的損害（コラテラル・ダメージ）」は戦争努力の正統性を低下させてしまい、戦争努力全体を損なうかもしれないからである。［ストライク・パッケージを構成する］すべての分隊が警戒を続けながら、各機は基地に帰還する。

この攻撃ミッションはこれで終わりというわけではない。次に、爆弾が意図された損害を与えたかどうかを検討するために、人工衛星やその他の航空機が戦闘損害評価（バトル・ダメージ・アセスメント）を行わなければならない。この際には、民間人の死という付随的損害が生じたかどうかを評価するという、不吉な任務も遂行されるであろう。その後、このシステムは振り出しに戻り、次の攻撃に向けて準備を進める。

以上は、比較的ひねりのないミッションのきわめて単純な事例である。読者は、このように単純な作戦においてもとても多くの「可動部」があるだけでなく、略語の数も非常に多いことに気づくであろう！　これからエア・パワーの歴史をたどるにあたって、多くのミッションは先の例より桁違いに複雑なものだったということを念頭に置いておくとよいかもしれない。第二次世界大戦中、レーダーによって誘導される戦闘機と対空砲を保有するすさまじく有能な敵を相手に、暗闇のなかで行われた千機の爆撃機によるドイツ空襲［千機爆撃］の準備を想像してほしい。技術は進歩したが、軍用航空機の四つの基本的な役割——空の管制、攻撃、偵察、機動力——は変わらないままである。

## 4　エア・パワーの四つの役割

エア・パワーの四つの役割（コラム①）は相互に依存しており、ある程度便宜的なラベルである。一部の作戦は四つの役割すべてを含むかもしれないし、また航空機が複数の役割を担うこともありえる。

**コラム①　エア・パワーの四つの役割**

(1) 空の管制［制空］（Control of the air）……航空環境における行動の自由が、敵側ではなく自分側にあるようにすること。究極的な狙いは、敵から脅威を受けない管制を意味する「絶対的航空優勢（エア・スプレマシー）」［制空］である。「航空優勢（エア・スーペリオリティ）」が次善の状態であり、この場合には敵の脅威は最小限に抑えられる。空の管制は一般に戦闘機を用いることで獲得されるが、有効な地上配備の対空ミサイルや対空砲、またはそれどころか飛行場を奪取ないし攻撃すること——「攻勢対航空」と呼ばれるアプローチ——により挑戦を受けるかもしれない。

(2) 情報収集・監視・偵察（Intelligence, surveillance, and reconnaissance）……敵を見つけ出し、敵につ

いてできるかぎり多くの情報を得ること。偵察は、その任務に特化し、特別な装備を搭載する航空機と人工衛星に加えて、地上の兵士によって行われることが非常に一般的である。この機能を示すために、ISTAR（情報収集・監視・目標捕捉・偵察）という略語がよく使われる。

(3) 攻撃（Attack）……爆撃ともいう。攻撃は空の管制と優れた情報収集によって可能になる。攻撃は地上ないし海でエア・パワーを行使する主たる手段である。以下のように三つの主要な形態がある。①戦場の標的に対する戦術爆撃。②補給物資や増援が届かないよう「戦場を封鎖」する阻止攻撃（インターディクション）。③一国の産業基盤や民間基盤に対する戦略爆撃。

(4) 機動力（Mobility）……装備や人員を輸送するために航空機を利用する能力。時に兵站と呼ばれることもある。戦場次元や戦術次元でヘリコプターにより実施されるか、「戦略空輸（ストラテジック・リフト）」を提供する巨大な輸送機により実施され、地上軍の「戦力増幅手段（フォース・マルチプライヤー）」を務めることができる。こうした作戦は空中給油の利用により維持されることもある。

## 空の管制

空の管制を相当に獲得しなければ、ほかの三つの要素を達成することは不可能である。

空の管制は、エア・パワーのほかの主要な役割を可能にする鍵なのである。もし指揮官に空の管制を保証することができないとすれば、作戦の様相は大きく変わるであろう。空の管制はそれを主任務とする航空機（たとえば戦闘機）によってのみ獲得されるわけではない。なぜなら、地上配備型防空システムがきわめて高い効果を発揮する場合もあるからである。「攻勢対航空（オフェンシヴ・カウンターエア）」（ＯＣＡ）は、敵の基地および飛行中の航空機への攻撃を意味する。言うまでもなく、航空機は離陸できなければ何の役にも立たない。これは、一つの役割（攻撃）がいかに別の役割（空の管制）の達成に作用しうるかを示す例である。この最たる例は、第三次中東戦争［六日間戦争］初日の一九六七年六月五日、イスラエル空軍が奇襲攻撃によりエジプト空軍の大半を地上で撃破したケースであろう（第6章参照）。同戦争の残りの期間、イスラエル軍の航空機は戦場上空を比較的自由に飛び回ることができた。

## 情報収集・監視・偵察

エア・パワーの最古の機能は、指揮官は「丘の向こう側を見る」「敵情を知る」必要があるという古来の軍事格言を反映している。航空機の潜在的可能性を最初に実証したのは、敵前線の向こうを見るのに十分な高度を得るために気球を利用するという単純な試みであった。モンゴルフィエ兄弟が初めて有人熱気球を飛ばしてからほんの一一年あまりの一七九四年四月、フランス陸軍航空部隊（Compagnie d'Aerostiers）が設立されたのである。化学やその他の関連分野の専門知識を持つ二五人の兵士が選抜された。ジャン・マリー・ジョセフ・クテル大尉が率いた同部隊は、世界初の航空部隊であった。同部隊の気球はパリ郊外のムードン城で設計・建造されており、同地はまさしく世界初の軍事航空研究所というにふさわしい。

一七九四年六月には、フリュールスの戦いにおいて、フランス陸軍航空部隊の操縦士たちは「ラントレプレナン」(*L'Entreprenant*)——水素ガスを用いる係留気球(図1)——を飛ばした。彼らは［紙に書いた］メッセージを投下したり、手旗信号を利用したりして、フランス軍指揮官ジュールダン陸軍少将にオーストリア軍の動きを伝えることができた。この戦闘はフランス軍の大勝利に終わり、当時の革命戦争におけるフランスの優位を確立したが、その後フランス陸軍航空部隊が再び利用されることはほとんどなかった。クテルと彼の部隊の一部は、一七九八年のナポレオンのエジプト遠征に随伴した。同年八月一日には、ナイルの海戦において、イギリスの有名なネルソン提督が同部隊の気球と装備の大半を運ぶ船(そのうち一隻が有名な戦列艦「ロリアン」(*L'Orient*)［フランス艦隊の旗艦で、弾薬庫の爆発により爆沈］であった)を、フランス艦隊のほかの艦船と一緒に撃沈した時、クテルたちの計画に終止符が打たれた。一八〇二年にクテルと彼が率いる部隊がようやくフランスに帰還すると、同部隊はつい

図1　フリュールスの戦い（1794）での「ラントレプレナン」

に解隊された。アメリカ南北戦争の初期には南北両軍が気球を実戦配備（デプロイ）したが、戦争の趨勢には大した影響はなかった。気球は一八七〇～七一年の普仏戦争〔独仏戦争〕でも利用された。一九一四年以降、偵察には動力飛行機を使うのがふつうになり、敵を観察して攻撃の標的を見つけるために空の管制を活用する。さらに、偵察は戦場上空ないしその近隣で（戦術的）、また敵前線奥深くで（戦略的）、航空機が使用される場合もある。一九六〇年代初頭からは、人工衛星がますます大きな役割を果たすようになってきた。戦略情報の供給においてはなおさらである。一九九〇年代後半以降は、偵察機の多くは無人機になっている。

## 攻撃

攻撃とは、空から敵部隊に対して、またそれどころか民間人に対して、爆発物ないしその他の形態の兵装を使用することである。これにも長い歴史がある。一九一一年一一月一日、リビアに拠点を置くイタリア陸軍航空大隊のジュリオ・ガヴォッティ少尉は、すぐにも壊れそうな単座機で飛び立って、トリポリのすぐ郊外のトルコ軍を目がけて四発の手榴弾を投下した。こうして彼は世界初の爆撃機パイロットとなったのである。そのちょうど百年後、北大西洋条約機構（NATO）の爆撃機が同じトリポリの上空を舞った〔二〇一一年のリビア内戦で反政府軍を支援するNATOは空爆を実施〕。〔空気より重い〕重航空機による民間目標に対する最初の空爆は、第一次バルカン戦争のさなかの一九一二年一〇月一六日に行われた。この時、ラドゥル・ミルコフ中尉が操縦するブルガリアの航空機は、トルコのアドリアノープル（現エディルネ）に二つの小型爆弾を投下した。

いずれの作戦でも、死傷者は報告されていない。

攻撃は、敵の再補給や増援を拒絶するという阻止攻撃にしばしば用いられる。たとえば、一九四四年のアルデンヌ攻勢――「バルジの戦い」という名称で知られる――の際には、連合国側の空軍はドイツ陸軍の戦車部隊への燃料供給をほぼ完全に停止させた。燃料不足のために動けないとすれば、戦車は事実上何の役にも立たない。現代の用語では、これは「機動力破壊（モビリティ・キル）」と呼ばれる。

偵察と空の管制は、目標を見つけたり、打撃機（爆撃機ないし同系統だがより小型の戦闘爆撃機）の進路を切り開いたりすることにより、攻撃を可能にするために用いられることがよくある。味方兵士が敵兵士に対する攻撃による戦闘中の直接支援を航空機に要請する場合には、これは近接航空支援（CAS）と呼ばれる。

エア・パワー理論のなかで、おそらく最も激しく争われた論争は、エア・パワーが戦争を勝利に導く可能性に関するものである。ある学派は、エア・パワーはそれ自体で戦争に勝利する効力を持ち得ると確信している。これとはまったく逆に、エア・パワーが戦争目的の達成において真価を発揮するのは、戦術（戦場）次元で戦闘部隊の支援に用いられる場合のみであると信じる者もいる。大半の評論家は、こうした論争の答えは、どの戦争について論じているのか、またある戦争のどの段階について論じているのかによって変わることに同意するであろう。

### 機動力

エア・パワーの第四の基本的な役割、つまり航空機動力（エア・モビリティ）も、おそらく現代ではかつてないほどに重要である。イラクやアフガニスタンで目にしてきたような「遠征」紛争では、有志連合軍が享受する絶対的航空優勢は、そもそも現地の空軍基地を維持するのに必要な補給物資を運ぶ大型航空機に依存していた。それどころか、作戦域のあちこちに兵士を運ぶヘリコプター――「戦域内機動力（イントラ・シアター・モビリティ）」を提供し、またしばしば運んだ兵士たちを反乱軍から防衛する――自体も、超大型航空機で「戦域（シアター）」（作戦域）へ空輸されるのが通例である。

今日では、作戦域への、また作戦域内での兵士の輸送から、負傷者の後送にいたるまで、機動力はエア・パワーの最も直接的に目に見える機能である。現在の機動（モビリティ）作戦の重要な側面の一つは、空中給油である。この能力を保有する空軍は、より大きな活動域（リーチ）と作戦範囲（スコープ）の利点を手にする。

## 5　航空作戦の諸側面

### 兵站

あらゆる効果的な動的システムとも同様に、軍の航空作戦にはいくつもの物理的、概念的な側面がある。真っ先に挙げるべきは兵站である。有名な話だが、米海兵隊のロバート・H・バロウ大将は、一九八〇年に「素人は戦術について語るが、専門家は兵站を研究する」と述べた。あらゆる軍の企てにはきわめて複雑で広範な補給・支援ネットワークと、それを組織するシステムが必要であり、空軍も例外ではない。そもそもあらゆる種類の航空機には基地が不可欠であり、基地の建設、運営、安全確保には多数の人員が必要である。航空基地は海に見いだすこともできる。これまで建造されてきた軍艦のなかで最大規模の航空母艦である。米海軍の空母は最大で排水量一〇万トン、全長三〇〇メートルに達し、その調達費用は一〇〇億ドルを超える。

陸上であれ海上であれ、航空基地は膨大な量の燃料を必要とし、戦時には兵器の補給も必要となる。燃料および兵器の補給には、長距離かつ脆弱な、それでいて高度に組織化されたサプライチェーンが欠かせない。このほか、食料や浄水などの生活必需品というかたちで、あらゆる軍事基地に欠かせない「ライフサポート」もある。基地は十分な訓練を積んだ警備隊で防衛する必要がある。空母の場合、敵の水上部隊や潜水艦部隊の攻撃を防いだり撃退したりするための装備を搭載する軍艦が防衛にあたる。覚悟を固めた敵による空からの活発な攻撃や、好戦的なサイバー軍の攻撃を受ける際には、補給ネットワークを維持するのは困難である。

## 軍民間の技術移転

航空開発と航空技術の発展は、第一次世界大戦により大幅に加速された。以降、おそらく一九九〇年代初頭まで、世界の航空産業では、しばしば軍民の一方での発展が他方に波及してその進歩に寄与するというかたちで技術が進歩した。常にそうだったわけではないが、たいていの場合は、軍用の開発が先行した。一九二〇年代と三〇年代にはエアレース用航空機に対して民間投資が盛んに行われた結果、やがてスーパーマリン「スピットファイア」など高出力・全金属製の単葉戦闘機を可能にする技術革新が起こった。

収益性の高い旅客機を求める衝動は、爆撃機にも同様の進歩をもたらした。第一次世界大戦と同様に、第二次世界大戦も技術への投資を急激に増加させた。第二次世界大戦より前に発明されていたジェット・エンジン（英独両国の技術者はそれぞれ自分が発明者だと主張した）は、第二次世界大戦中に初めて実戦投入され、さらに（ドイツでは）大量生産された。第二次世界大戦中に航続距離の長い四発爆撃機［エンジン四基搭載］が必要になったために、加圧キャビンを装備する長距離ジェット旅客機が可能になり、現在ではそれが普通になっている。

二〇世紀末には、大型コンピュータの出現と巨大な投資基盤を持つIT産業の登場に伴い、軍事技術は再び民間の発展を後追いしはじめた。今日では、この傾向の唯一の例外はドローンかもしれない。ドローンについては、たいていは軍事技術が同時代の商業的利用の先を行っている。

## 戦争への備え

航空機には常に整備が欠かせない。たとえば、複数のヨーロッパ諸国が使用するユーロファイター「タイフーン」には、一時間飛行するごとに九時間の整備が要求される。さらに複雑な米国のF-22は四五時間、F-35は五〇時間以上が必要となる。これはすなわち、通常は少なくともパイロットと同じぐらい優れた技術を有する技術者や技能者（テクニシャン）が必要になることを意味する。パイロットの安全は彼らにかかっているのである。敵に対して必要な優位を維持するために、空軍は最も優秀な若者を召集しなければならない。訓練は徹底的かつ現実的なものでなければならない。第二次世界大戦中には、連合国側の爆撃機搭乗員は、一回の「前線勤務（コンバット・ツアー）」の可能性が最も高かった。最初の一〇回のミッションでは、搭乗員の戦闘スキルは向上しつつある段階で、より脆弱であった。最後の五回については、疲労が大きな要因であると評価された。ほかの紛争、とくにヴェトナム戦争でも、同様のパターンが観測された。ヴェトナム戦争後、米空軍は一九七五年に現実を忠実に反映した演習である「レッド・フラッグ」シリーズを開始した。「レッド・フラッグ」演習では、「敵」の最新戦術の訓練を受け、その戦術を用いて飛ぶことのできる専門の「攻撃側」飛行中隊の協力により、実戦的な空中戦シナリオが提供される。実際の紛争では、最初の数回のミッションが正念場だが、戦闘状況の経験不足はその際のパフォーマンスに影響を及ぼす。同演習の目的の一つは、戦闘状況の経験不足を克服することである。「レッド・フラッグ」はいまも多くの国の空軍の訓練計画で主要行事の一つとなっている。

第二次世界大戦のような長期間にわたる紛争では、パイロットやその他の搭乗員の消耗が主要な問題となった。ドイツと日本の搭乗員訓練体制では、敵対国と同じ速度で損失を埋め合わせることなど到底できず、これが両国の敗北に大きく寄与した。両国は短期戦を想定した計画を立てており、長期にわたる紛争に向けた備えはほとんどなかった。これとは対照的にイギリスの政治指導者たちは、軍に徴兵される新兵のうち、最も有能かつ適性のある者はイギリス空軍に割り当てられるべきであると、明確な意図をもって決断した。こうした新兵を戦闘に向けて訓練・準備し、またその実現に必要なきわめて複雑なシステムを確立するために、莫大な努力と資源が投じられた。宣戦布告から一周年にあたる一九四〇年九月三日の閣議に提出された覚書のなかで、チャーチルはこう記した。「海軍はこの戦争を敗北に導くことがあり得るが、空軍だけが戦争に勝利することができる……爆撃機のみが勝利の手段をもたらす」。むろん、このような見解は戦略と政治指導が交差する次元での優先事項に関するものであった。

## 指揮・統制

銃弾が飛び交いはじめると、エア・パワーの有効な実戦展開は、政治指導者たちに助言し、密接に協力する将官の手腕に依存する。政治とエア・パワーの相互作用は、第二次世界大戦以降、とくに密接になっており、それは現在も続いている。政治的決断は、戦場の次元でも実行されなければならない。これには効果的な指揮・統制（C２）の備えが必要である。航空戦のあらゆる要素をまとめあげ、それらを特定の任務に適用することは、実にきわめて複雑な仕事になるかもしれない。なぜなら、何千という可動部があるからである。成功する航空作戦には、必ず強固で堅牢なC２システムがある。たとえば、一九四〇年のイギリス本土航空戦におけるイギリス空軍の勝利は、戦闘機パイロットによるところが大きいが、（探知、情報収集、指揮、作戦のさまざまな要素をまとめる）C２ネットワークも少なくとも同程度には貢献した。現代の空軍では「C３」という用語が用いられるが、これは「指揮・統制・通信」を意味する。より最近では、この略語に「コンピュータ」を加えたC４もある。

言うまでもなく、一人の指揮官があらゆる場所の詳細を知悉することは期待できない。この問題を乗り越える一つの方法は、「委任戦術（ミッション・コマンド）」を利用することである。これは上級指揮官が自身の意図を明確にしたうえで、いちいち監督することなく、部下が独自のやり方で目標を達成することを許容するという技法（テクニック）である。当然、これには深い信頼が求められる。この技法には限界もある。現代の装備は非常に高価であるため、資源（とくに航空機）は不足しがちであり、したがって特定の状況では、より厳格な統制が必要になるかもしれない。同様に、（一般に想定される）戦略的ツールとしてのエア・パワーの役割は、より直接的な統制（ダイレクト・コントロール）を必要とするかもしれない。今日では、特定の標的に対する弾薬の投下に際して、付随的損害の危険性ゆえに、時に上層部で決断が下されることもある。

## 道義的制約と法的規制

西側諸国の国民は、自国の軍隊の死傷者のみならず民間人の死者という付随的損害を出す可能性に非常に敏感である。このため、過去二〇年間にわたり、エア・パワー利用の是非は国民的議論の対象になっている。政治と法律の両方が、かなり操縦席に入り込んでいるのである。今日でも、エア・パワーの利用を制約し抑制する法律は「国際的な扇動的偽善にほかならない」というエア・パワーの理論家、ジュリオ・ドゥーエの見解に同意する者はいる。大半のエア・パワーの実践者［軍人］は、一見効力がなさそうだとはいえ、何らかの法律や規制はないよりましだと認めている。エア・パワーの法的規制の必要性は、気球が地上に損害を引き起こす可能性が明らかになるにつれて、初期から認識されていた。すでに一八九九年と一九〇七年のハーグ条約では、［気球などによる］空からの爆弾投下が禁じられていた。第一次世界大戦ではこうした法的規制が無力であることが示されたが、法的規範の強化および施行が真剣に試みられた。ハーグ空戦法規（一九二三年）は、空からの攻撃を制限しようとした最初の協調的な試みであった。とくに、空からの攻撃は、その破壊が「交戦国に明確に軍事的利益をもたらす」ような「軍事目標」の爆撃に限定された。一九二三年以降、何度も指摘されているように、「軍事目標」という用語はどうみても曖昧である。戦時には、ほぼ何でもそのカテゴリに分類することができる。

　ジュネーヴ諸条約（一九四九年）に対する一九七七年の追加議定書は、標的設定（ターゲティング）に関する法律を時代に合うよう修正した。これらの追加議定書は、「比例性（プロポーショナリティ）」、「必要性（ネセシティ）」、「人道性（ヒューマニティ）」、（民間人と戦闘員の）「区別（ディスティンクション）」という、国際人道法の四つの中心的概念に基づいている。比例性の原則は、いかなる民間人の損害も、獲得される軍事的利益に釣り合いがとれていなければならないと規定する。必要性はこれと密接に結びついており、指揮官に対し、目標達成に必要な武力のみを行使することを遵守するよう求めている。たとえば、たった一人の人物を標的として町全体を破壊することは、必要だとも釣り合いがとれているとも考えられないであろう。人道性の原則の導入は戦争における苦しみを減らす試みである。たとえば、ナパームのような焼夷（しょうい）兵器が現在では禁止されているのはこのためである。最後に、また最も重要なことだが、区別（「識別（ディスクリミネーション）」と呼ばれることもある）とは、できるかぎり非戦闘員への危害を避けることを意味する。民主国家において、論争を呼びかねない軍事行動に対する世論の支持を維持するうえで重要な要素である。本章の冒頭で取り上げたストライク・パッケージが空軍の法律家によって承認されるか否かは、まさにこれらの原則を参照したうえで決まるのである。

航空機、およびその使用に影響を及ぼす諸側面が現代戦にとって重要であることに異議を唱える者はいないであろう。航空機が紛争の世界に登場したのは——一七九〇年代のフランス陸軍航空部隊と一九世紀に断続的に続いた気球の軍事利用にもかかわらず——比較的最近であるということは忘れられがちである。第2章で見ていくように、二〇世紀初頭に動力飛行機が空を飛ぶようになると、その兵器としての可能性が認識されるのに時間はかからなかった。

# 第2章　幕開け――第一次世界大戦、一九一四～一八年

「飛行機はスポーツとしてはよいかもしれない……だが、戦争の道具としては何の価値もない〔*c'est zero*〕」。第一次世界大戦で連合国軍全体を指揮することになるフェルディナン・フォッシュ将軍は、一九一〇年にこう述べた。こうした懐疑的な見方――決してすべての軍高官が共有していたわけではない――が現実を前に譲歩を迫られるのに長い時間はかからなかった。第一次世界大戦は、航空機に関する技術、戦術、作戦的思考の発展を大幅に加速したのである。

一九一四年の戦場では、航空機を目にするのは比較的稀(まれ)であった。一九一八年には、主要大国は航空機を巨大な空軍に組織していた。多くの者は、航空機自体はまだ戦場での決定的な要素ではないとしても、必要不可欠な要素であると見なしていた。そのうえ、前線のはるか後方に損害を与える可能性がすでに示されていた。

## 1　偵察

第一次大戦当時の初期の空軍は、その最も重要な役割を偵察に見いだした。戦争が始まった一九一四年八月、英仏両国は、ドイツ陸軍に敗北するかもしれないという非常に現実的な見通しに直面していた。フランス軍とイギリス軍は側面から包囲されていたのである。パリ自体も攻囲に備えていた。大急ぎで後退する連合国軍は、アレクサンダー・フォン・クルック陸軍大将率いる第一軍の位置を把握していなかった。九月二日、もとは航空機の開発者だったルイ・ブレゲ伍長は、観測員を務めるアンドレ・ヴァトー中尉とともに、［自作の］ＡＧ－４複葉機で飛び立ち、ドイツ軍を発見した。その情報のおかげで、英仏両軍はドイツ軍の進撃の裏をかき、「マルヌの奇跡」と呼ばれるようになる戦いで進撃を停止させることができた。ブレゲには少なくとも「フランスの救世主」を名乗る資格があったことはたしかであるが、この称号はかつて飛行機に懐疑的だったフォッシュ元帥がのちに勝手に用いることになる。

主要な戦場である西部戦線が塹壕（ざんごう）戦に落ち着くにつれて、敵を殺害する主たる手段は大砲になった。死傷者の七五パーセント、おそらくはそれ以上が、大砲の集中砲火によって直接に生じている。大砲を敵に向けるには、敵陣地の位置と数、兵力に関する正確な情報が必要であった。

とはいえ、敵陣地の上空に適度に訓練を積んだ眼［観測員］を配置することは有益であろう。航空機は重要地点に集結する兵士たちを見つけることができ、そうするとこれらの兵士たちに長射程の大砲の砲撃を浴びせることができた。これは航空阻止（敵が戦場に到達するのを阻止するか、妨害すること）の最初の利用である。航空機搭乗員が敵側の砲兵陣地の位置を特定することができれば、なおさら好都合であった。敵の大砲を対砲兵砲撃の標的とし、大砲を破壊したり砲員を殺害したりすることができたからである。戦争の終わりまでに、二〇世紀を通して利用される基本技法の多くが確立され、また実用的な無線装備のおかげで空から地上へリアルタイムで砲撃の精確性を報告することが可能になり、砲兵指揮官は照準を調整することができた。航空機搭乗員は、発見した敵部隊の位置へ砲撃を要請するために、無線とモールス信号を利用することができた。精密写真に加えて、画像を解釈・分析して有益な情報を収集する能力は、航空偵察と精確な砲術という致命的な組み合わせを作り出したのである。

エア・パワーは東部戦線でも重要であった。弾着観測に加えて、現在のポーランドおよびウクライナにまたがる広大な戦場における軍の移動を観測するために、航空機はロシア軍、ドイツ軍、またより小規模ではあるがオーストリア＝ハンガリー軍によっても利用された。

一九一四年八月には、ドイツ軍に向かって進軍するロシア軍の将軍たちは、ドイツ軍の移動に関する航空隊からの警告を無視した。一方、ヒンデンブルク陸軍大将の幕僚は、ドイツ側のパイロットたちが敵の移動に関する正確な情報をもたらした際に、同じ間違いを犯さなかった。その結果、ドイツはタンネンブルクの戦いで圧倒的勝利を収めた。一九一六年六月には、ブルシーロフ攻勢に先だってロシア軍の航空機がオーストリア＝ハンガリー軍の防衛網の全貌を明らかにし、ロシア軍の将軍たちはきわめて効果的な攻撃を計画することができた。

偵察写真は、いまでは第一次世界大戦史家にとって最も貴重な資料の一つとなっている。偵察を行う航空機搭乗員にとっては苦難に満ちたハイリスクな任務で、精密飛行が求められ、恐怖と一緒くたになった、ほぼ常時骨の髄まで凍るような寒さを伴った。第一次世界大戦の航空機搭乗員一般にとって危険は非常に大きく、平均寿命は短かった。

航空機が動作を停止したり、炎上したりしても、脱出の可能性はなかった。パラシュートが航空機搭乗員には支給されないか、許可されなかったためである。一九一八年になってようやく両陣営の航空部隊はパラシュートの着用を許可しはじめ、それ以来ずっと必須装備の一つと見なされている。これは少なからず士気を考慮したもので、航空機が重大な損傷を被った際に多少なりとも生存の望みを与えるためであった。

第一次世界大戦中にパラシュートの着用を許可された航空兵は、水素を充塡した係留観測気球の搭乗員だけであった。彼らは両陣営の前線上空に浮かんで大砲の弾着を観測した。これらの気球は常に幾重もの砲列で厳重に守られていた。それでもやはり、気球は敵の大砲だけでなく当然ながら戦闘機にも絶えず標的とされた。きわめて可燃性の高い気球からの弾着観測は、平均寿命が非常に短い任務の一つであった。

## 2　空の管制

偵察機は敵前線のはるか後方の標的に大砲の照準を合わせる能力を持ち、その利点はすぐに認識された。その結果、こうした「空の眼」を撃墜する必要性から、いわゆる「戦闘機」の開発に拍車がかかった。空の管制を獲得するために、こうした特化型の航空機が必要になることは、戦争の初期段階から明らかになっていた。以後、戦闘機は、偵察に欠かせない航空優勢を獲得・維持するため、敵戦闘機を撃墜する作戦を遂行するようになった。

戦争初期には、敵側の偵察機を攻撃するのは、同じく偵察機として設計された飛行機の任務であった。最初期の戦闘機は、パイロットと観測員が搭乗し、［観測員の座席の］旋回台に機関銃が取り付けられているものがほとんどであった。こうした観測員の一人にフランス軍のルイ・ケノー伍長がいるが、彼は一九一四年一〇月五日の空中戦で航空機を撃墜した最初の人物との名声を得ている。

言うまでもなく、［旋回台の機関銃で狙いをつけるより］飛行機の機首を相手に向ける方が効率的であり、より安定した照準と搭乗員の削減が可能になった。当時の飛行機の翼には複数の機関銃を据えられるほどの強度がなかったので、［機関銃を胴体部分に設置して］プロペラの間を縫って射撃するという難問が生じた。さまざまな解決策が試みられた。プロペラよりも上方に機関銃を搭載することから、プロペラにくさび形の鋼鉄製プレート［デフレクター］を取り付けて、自機に損傷がないよう祈りながらプロペラ越しに撃つことまで多様である。機関銃とプロペラの回転を完全に同期させるシステムを最初に完成させたのは、オランダ人技術者のアントニー・フォッカーであり、彼が設計した「アインデッカー」（ドイツ語で単葉機を意味する）は一九一五年末の空に君臨した。「アインデッカー」には断続機構（インタラプタ）が搭載されており、機関銃の弾丸が回転するプロペラの羽根（ブレード）の間を通り抜けるようになっていた。［連合国側の偵察機に対して大暴れした］「フォッカーの懲罰」は、イギリスの偵察機パイロットおよび彼らを守ろうとする戦闘機の最初の大虐殺を引き起こした。

イギリスとフランスの設計者たちは、すぐに独自の断続機構を組み込んだ。しかしながら、イギリス陸軍航空隊（ロイヤル・フライング・コー）は、場当たり的で一貫性のない航空機搭乗員の訓練制度のせいで、ひどく不利な立場に置かれたままであった。その交戦相手であるドイツ陸軍航空隊（ルフトシュトライトクレフテ）のパイロットには、たいていはるかに優れた戦闘への備えがあった。ドイツ空軍の空の管制へのアプローチは非常に独創的な戦術的思考を生み出したが、これは苦労して得た経験に学んでいた。一九一六年には、優れたドイツ戦闘機指揮官で戦術家のオスヴァルト・ベルケが空中戦のための一連の教訓を書き留めた。これらの教訓は、訓練修了時にドイツの各戦闘機パイロットに配られた小冊子のなかで詳しく説明されている。この「ベルケの格言」（コラム②）は、現代の戦闘機パイロットも学んでいる。

両陣営とも、空中戦での撃墜の大半は撃墜王（エース）によるものであった。撃墜王とは、五機以上の敵機を撃墜した者を指す。そのうち最も有名なのは、オスヴァルト・ベルケの弟子のマンフレート・フォン・リヒトホーフェン――「レッド・バロン」として知られる――で、八〇機を撃墜している。

同様の理由から、「撃墜王」たちの被害者の多くはどちらかと言えば新米パイロットであった。このパターンは、第二次世界大戦でも続くことになる。

戦争のほとんどの時期を通じて、イギリス人パイロットたちは、ドイツ人パイロットたちほどにはよく訓練されていなかった。この結果として、空ではイギリス側が何度も敗北した。イギリス陸軍航空隊の司令官ヒュー・トレンチャード准将（戦争中に少将に昇進）の攻撃一本槍の戦術――ドイツの偵察機をイギリス側の前線に近づかせないことを意図していた――は、イギリス側の勝算を高めることはなかった。

第一次世界大戦最後の年、イギリス戦闘機の優れた機体とスペインのイスパノ・スイザ社がフランスで製造した高性能なエンジンが合体した。訓練の大幅な改善と相まって、初めてイギリス側よりもドイツ側の航空機が多く撃墜されるという結果がもたらされた。戦争を通じて、両陣営は戦術面と技術面で互いに学びあった。しかしながら、戦争の大半の期間に航空機技術で先行していたのはドイツの設計者たちであったといえよう。ドイツの技術は一九一八年に名機フォッカーD・Ⅶで全盛を極め、これに辛うじて匹敵するのがフランスのニューポール28、イギリスのソップウィス7F・1「スナイプ」、ロイヤル・エアクラフト・ファクトリーのSE5aであった。

英仏両国の航空部隊はこの時までに米遠征軍（AEF）の航空部（エア・サーヴィス）によって増強されていた。この航空部は一九一七年九月三日に正式に創設され、当初はウィリアム・〝ビリー〟・ミッチェル中佐（当時）が指揮していた。戦争が終わる頃には、西部戦線の全域で、連合国側の圧倒的な生産速度と訓練および装備の相対的な質の向上が合わさって効果を現しはじめた。消耗戦がドイツ陸軍航空隊の力を奪っていったのである。そうは言っても、数で圧倒されるドイツ人パイロットは戦争の最後の日まで有力な部隊であり続けた。

### コラム②　「ベルケの格言」――空中戦に関するオスヴァルト・ベルケの言葉

(1) 攻撃を開始する前に優位（速度、高度、機数、位置）を確保せよ。太陽を背にすることが望ましい。

(2) 一度仕掛けた攻撃は、最後まで完遂せよ。

(3) 近距離からのみ、さらに敵を確実に照準に捉えた場合にのみ発砲せよ。

(4) 敵機を見失うな。

(5) どんな攻撃でも、敵の後方から接近することが肝要である。

(6) 敵が急降下してくるなら、敵の攻撃を回避しようとするな――攻撃者に向かって飛べ。

(7) 敵の前線を越える際には、自身の退路を常に頭に入れておくべし。

(8) 集団で戦闘する場合には、四機か六機の集団で攻撃するのが最適である。混戦（メレー）が始まったら、あまりに多数の自軍機が同じ敵を狙わないようにせよ。

## 3　攻撃

空の管制を獲得して、偵察を通じて地上で何を破壊すべきかを理解すると、標的を空から——通常は爆撃により——破壊するという選択肢が残る。これがエア・パワーの第三の役割、つまり攻撃である。第1章で述べたように、これは①戦術・戦場爆撃、②阻止攻撃、③戦略爆撃という三つのカテゴリに分けることができよう。なお戦略爆撃は、しばしば民間人ないし民間目標への攻撃を強く示唆、または明確に含意している。

一九一六年までに、航空部隊は地上作戦を計画する際の重要な要素になっていた。これは戦争中に最も多くの死者を出した戦闘の一つ、ヴェルダンの戦いでとくに明らかであった。仏独両国の航空部隊は、きわめて重要な弾着観測の任務を効果的に遂行するべく、空の管制の確保を目的として詳細な計画を立案・実施した。一九一七年に初めて、ドイツの対地攻撃機が標的まで無線を利用して誘導された。いまでは近接航空支援と呼ばれるものの先触れである。

空の管制を求めて戦いそれを利用する空軍、上空掩護（えんご）のもと行動し自らの作戦の支援に航空機を利用する地上軍、さらに大砲と装甲部隊（戦車）の組み合わせは、一九四〇年代初頭のドイツの電撃戦（ブリッツクリーク）で恐るべき極致に達することになる。このアプローチは、かなりの程度まで、第一次世界大戦中の経験に基づいていた。なかでも重要なのは、ドイツ陸軍が西部戦線で連合国軍を敗北の瀬戸際まで追い詰めた、一九一八年の「春季攻勢」である。

この時までにドイツの空地連携テクニックは高度に発展していたが、明らかに技術的な制約もあった。もちろん、イギリス軍とフランス軍も独自の手法を発展させつつあった。大損害を被るも連合国の勝利に終わった「百日攻勢」――一九一八年一一月にドイツを敗北させた――の際に、英仏両軍も同様の「統合作戦」戦術を利用している。連合国、とくにイギリス軍の歩兵と砲兵、戦車、航空機は、目標を追求する際の連携において、ドイツ軍と少なくとも同じぐらい有能であることを示した。

## 4　第一次世界大戦中の戦略爆撃

第一次世界大戦では、戦略爆撃の有効な利用も見られた。戦略爆撃とは、一般的に経済や産業の標的に対する爆撃を指すために用いられる用語であり、往々にして民間人を爆撃することになる。一九一四年八月二三〜二四日の夜にツェッペリン〔ドイツの飛行船〕がオランダのアントウェルペンを爆撃した際には一〇人が死亡し、今日までに累計で何十万人という死者を出している空爆の最初の犠牲者となった。戦争中、民間人を意図的に標的とする行為は続いた。イギリスに対するツェッペリンの攻撃は、一九一五年一月のノーフォーク州グレート・ヤーマスへの襲撃で始まった。飛行船搭乗員は当時十分に理解されていなかった上空での気象状況に対処しなければならず、自分たちがどこにいるのかほとんど分かっていなかった。やがてツェッペリンは目的地までより精確に飛べるようになり、ロンドンが攻撃を受けた。これは国際的な懸念を引き起こしたが、少なくともその後の攻撃と比べれば被害は小さく、死傷者もほとんどいなかった。

ツェッペリンによる空襲は、事故による損失に加えて、時折発生するイギリス戦闘機との不慮の遭遇による損失が、ドイツ陸海軍の損失補塡（ほてん）能力を超えるようになると中断した。ツェッペリンの空襲が止まると、〔ツェッペリンよりも〕かなり高性能な飛行機であるゴータG・Ⅳ（図2。ロシアの設計に影響を受けた、エンジンを複数搭載する専用爆撃機）が、「トルコの十字架（トュルケンクロイツ）」作戦で一九一七年五月にロンドン上空に姿を現した。最初のロンドン大空襲（ザ・ブリッツ）となるこの作戦は、きわめて重要であった。第一に、住民が自分たちは戦争の影響を受けないところにいる——小憎らしいが、さほど効果のないツェッペリンの襲撃を除けば——と思っていた都市で、およそ七〇〇〇人の民間人が殺害されたのである（すべての空襲におけるイギリスの死者は合計一四〇〇人）。

第二に、これはエア・パワーの歴史にとってかなり重要なことだが、この空襲のために、イギリスの防空部隊は崩壊寸前で無力であると見なされて、政府に対して相当な政治圧力がかかることになった。その結果、かつて南アフリカ・ボーア人反乱軍の指導者であったヤン・スマッツ将軍——ロイド＝ジョージ首相から戦争内閣に参加するよう招かれていた——に調査が委託され、その成果として二つの報告書が提出された。二つをまとめて「スマッツ報告」と呼ぶが、この報告はエア・パワー史上の「マグナ・カルタ」〔画期的文書〕とされている。

図2　ゴータG・Ⅳ爆撃機

一九一七年七月に発表された最初の報告書は、目視観測員と対空砲、戦闘機の統一された指揮・統制を伴う防空システムの設立を扱っていた。その結果として一九一七年に設置された「ロンドン防空管区（エア・ディフェンス・エリア）」——もともとは一九一六年に原型となるアイディアが登場した——は、司令官を務めるE・B・アシュモア陸軍少将によって発展し、一九一八年までに完全に実戦運用されるようになった。このロンドン防空管区は、のちにより広域の「イギリス防空部隊（エア・ディフェンス・オブ・グレート・ブリテン）」システムのなかで機能することになった。この計画は世界初の統合防空システム（IADS）であり、それ以降の戦争や戦役におけるあらゆる類似システムの模範を示した。その最たるものが、一九四〇年のイギリス本土航空戦の勝利に大きく貢献した「ダウディング・システム」である。

スマッツ将軍の第二の報告書も同じくらい重要で

あった。この報告書は、イギリス陸軍航空隊とイギリス海軍航空隊（ロイヤル・ネイヴァル・エア・サーヴィス）の合併を勧告していた。二つの航空隊の組織間競争が無駄な重複と大きな非効率をもたらしており、それだけでも両者を合併する理由としては十分であった。この勧告の背景には、もう一つの目的があった。それどころか主たる目的といってよいかもしれない。同報告書は「敵の国土の荒廃、また産業・人口の中心地の大規模な破壊をもたらす航空作戦が戦争の主要作戦となる日はそう遠くないかもしれない」と述べていた。この機能を実行するために勧告していたのは、［陸軍省・海軍省とは］異なる官庁の監督下にある独立した航空部隊を創設することであった。こうして、イギリス空軍（ロイヤル・エア・フォース）が一九一八年四月一日に発足した。最初の参謀長に就任したのはヒュー・トレンチャード少将、一九一六年に戦闘機パイロットたちに執拗（しつよう）な攻撃を促した将校である。

トレンチャードの指揮下で、ドイツ国内の標的に激しい攻撃を加えることを目的として、いわゆる「独立軍（インディペンデント・フォース）」が創設された。この「独立軍」は産業目標、より正確には当時利用可能な技術で発見、攻撃することができた産業目標に対する徹底的な爆撃計画を実施しはじめた。戦争が終わるまでに、連合国共同独立空軍（インター・アライド・インディペンデント・エア・フォース）（終戦時までにこう呼ばれるようになった）にはフランスとイタリア（同国のカプローニＣａ・１は、爆撃機として特別に設計された世界初の航空機であった）、米国の航空機が参加した。トレンチャード自身による評価を含む戦後の評価は、同空軍はほとんど戦果を挙げなかったと結論づけている。

## 5 海のエア・パワー

戦争開始から程なくして、日本の航空機が港湾内の敵艦隊に攻撃を仕掛けるために海から発進した。この際の敵は、一九一四年九月に攻囲下の青島港に閉じ込められたドイツ艦隊［オーストリア＝ハンガリー帝国の防護巡洋艦一隻を含む］である。また、攻撃に利用された航空機は、水上機母艦に改装された運送船「若宮丸」――日露戦争中に鹵獲（ろかく）された商船を日本海軍が運送船として運用――から発進した、すぐにも壊れそうな四機のファルマン水上機であった。二五ポンド［約一一キロ］爆弾［八センチ砲弾ないし一二センチ砲弾の尾部に翼をつけたもの］は命中せず、損害はなかった。それでもなお、これは標的に対する海からの空襲としては世界初であり、日本軍はこの技法に習熟してゆくことになる。

しかしながら、第一次世界大戦中には、精力と革新を注ぎ込んで海のエア・パワーを発展させたのはイギリス軍であった。イギリス軍が海から実行した空襲の一部は効果的であった。特筆すべきは、ツェッペリンの拠点、ドイツのクックスハーフェン港に対する一九一四年クリスマス当日の空襲である。一九一八年には、巡洋戦艦を改装した世界初の空母「フューリアス」（HMS *Furious*）がデンマークのトンデルンに対して空襲を実施した。この空襲では複数のツェッペリンが破壊され、第一次世界大戦中の空母による空襲で最も大きな戦果を挙げた。同年、イギリス海軍は世界初となる真の「平甲板（フラットトップ）」型の全通甲板を持つ空母「アーガス」（HMS *Argus*）を就役させ、さらにドイツの主要海軍港ヴィルヘルムスハーフェンに対して雷撃機による大規模な空襲が計画されていたが、一一月の戦争終結によりこの作戦は中止された。

航空機がとくに優れていたのは対潜任務である。飛行船はドイツの潜水艦、つまりUボートが脅威になる前に潜水艦を発見する絶好の機会をもたらした。当時（それどころか第二次世界大戦末まで）のUボートやその他の潜水艦は大半の時間を海面で過ごし、敵の船や航空機に視認されると潜行するのが普通であった。海中ではずっと低速で、有効性を失っただけでなく、標的を見失う可能性も高かった。第一次世界大戦中に航空機によって撃沈された潜水艦は一隻だけだったが、この新しい早期警戒手段のおかげで多くの船が撃沈を免れることができた。

## 6　エア・パワーの確立

一九一八年までに、航空機はいわゆる「諸兵科連合戦（コンバインド・アームズ・ウォーフェア）」にいよいよ組み込まれていき、歩兵や砲兵、新しい装甲部隊と密接に協同するようになった。さらに、エア・パワーは将軍だけでなく提督にとっても新しい選択肢をもたらしていた。戦争終結までに、陸上配備型と空母搭載型の航空機は、どちらも単なる水上部隊の「眼」以上の重要な存在と見なされていた。

エア・パワーの拡大とともに、この新しい航空部隊を支える巨大な組織・産業・兵站インフラが必然的に発展した。もう元に戻れないのは明らかであった。実質的に、現在の空軍の役割とミッションのほとんどすべて――航空機動力の広範な利用を除く――が、技術的には未発達の形態であるにせよ、有効に発揮された。

空軍は他軍種の支援兵科と見なされず、独自のアイデンティティ、司令部、参謀に加えて、ますます独自の文化を発展させはじめていた。この最も顕著な例は、新しく創設されたイギリス空軍である。イギリス空軍は、戦争終結時には二九万人の男女（予備役を含む）、二万二〇〇〇機の航空機という戦力を抱えていた。ドイツとフランス、イタリアの航空部隊も、いまやそれぞれ成熟した組織になっていた。

最後に、第一次世界大戦では、どんな種類であれ、敵前線のはるか後方の敵施設に対する空襲は非常に困難な計画であるということが明らかになった。爆撃機は戦闘機と対空砲を相手にしなければならなかったのみならず、敵領土の標的を発見することですら容易ではなく、ましてや爆弾を命中させることはなお困難であった。それにもかかわらず、爆撃機を多数用いれば非常に大きな戦果が、おそらくは決定的な戦果が挙がるかもしれないという考えは、すでにしっかりと根を下ろしていたのである。

# 第3章　理論と実践——戦間期、一九一九〜三九年

いまや、空軍というまったく新しい軍種が創設されつつあった。空軍のあり方を定める首尾一貫した理論の影響なしに行動したとすれば、空軍にはほとんど利用価値はないであろう。理論がドクトリン（国ごとに異なる、事前に定められた戦争の方法）の基礎となる。本章では、空軍の新しい構造、それに影響を与えた思想、技術の発展を見る。さらにそれらすべての要素が、戦間期の主要な戦争であるスペイン内戦でいかにして一つに結びついたのかを見てゆく。

## 1　構造の供給——独立空軍

一九一八年末に第一次世界大戦が終結した時、世界初の独立空軍であるイギリス空軍は、群を抜いて世界最強の航空部隊であった。その一年後、二〇万人以上の軍人が除隊し、残ったのはわずか

二万八〇〇〇人である。政府は巨額の負債を抱えており、すべての軍種は金額相応の価値があることを証明する必要に迫られていた。トレンチャードは、デイヴィッド・ロイド゠ジョージ首相を含むイギリスの政治指導者たちに対して、イギリス空軍は戦争に勝利するだけでなく、安価に勝利をもたらすであろうと論じることができた。膨大な地上部隊の代わりに航空機を利用することは、「空軍による統制（エア・コントロール）」や「航空警察活動（エア・ポリシング）」と呼ばれるようになり、「インド植民地の」「北西辺境地帯」（現在のアフガニスタンとパキスタンの国境地帯）、ソマリランド、イラク、アデンで実施された。イギリス大蔵省の支出は、本格的な軍事占領に必要な支出のごく一部で済んだ。「航空警察活動」という用語はいまでも使用されているが、有人航空機ではなくドローンの使用を意味することが多い。また注目すべきことに、かつてと同じ地域で実施されている。

フランスは、モロッコ（第三次リーフ戦争、一九二一～二六年）とシリア（シリア大反乱、一九二五～二七年）での紛争で、同様のアプローチをとった。モロッコのリーフ戦争のさなか、世界初となる航空医療後送部隊（いまではMEDEVAC（メディヴァク）と呼ばれる）が創設され、改装された爆撃機を利用して負傷した兵士たちを戦場から病院に運んだ。イギリス空軍は、一九二三年にイラク北部で史上初となる空路での兵士の大規模輸送を実施し、この際にはトルコ軍に脅（おびや）かされるモスルに増援を送るために数百人の兵士が空輸された。より人道的な文脈でエア・パワーが支援を行う可能性は、一九二八～二九年の冬、アフガニスタンで頻発する内戦の際に示された。この史上初となる民間人空輸で、イギリス空軍は六〇〇人ほどのヨーロッパ人をカブールから退避させた。

一方、大西洋の向こう側では、一九一八年五月に創設された米陸軍航空部（アーミー・エア・サーヴィス）の副司令官（アシスタント・チーフ）となった〝ビリー〟・ミッチェル准将（一八七九〜一九三六）が、彼独自のやり方で強力な独立空軍を求める論陣を張っていた。一九一九年、ミッチェルは、いまや爆撃機には海軍が誇る非常に高価な戦艦を無用にするほどの航続距離と破壊力があると公言した。戦艦はもはや空からの攻撃で破壊されるだろうというのである。一九二一年には、この主張の検証が行われた。航空機が実地試験でドイツの旧式戦艦「オストフリースラント」を撃沈したが、これは航空機にとって非常に有利な状況で実施されたものであった。これに加えて、ミッチェルは軍高官の能力に関して絶えず文句を言い続けていたために、陸海軍高官に友人がほとんどおらず、また陸海軍将校に関するのちの発言のために軍法会議にかけられ、自ら軍を辞めた。しかし、彼はその後もエア・パワーの重要性を執拗に説き続け、一九二五年には『空軍による防衛』（*Winged Defense*）を出版した。

米陸軍航空部は一九二六年に米陸軍航空隊（アーミー・エア・コー）となり、陸軍参謀本部で独自の発言権を有する半自律的な地位を確立した。米陸軍航空隊は、厳密にはイギリスやイタリア——イタリア空軍（レギア・エアロノーティカ）は一九二三年に創設された——のような独立した軍種ではなかった。

ドイツは、ヴェルサイユ条約（一九一九年）の厳しい制約により、いかなる空軍を持つことも禁止された。とはいえドイツは、いざという時に新しい空軍の種を提供するような、核となる戦力を創設し、訓練するのを諦めたりしなかった。最初の十年程度は秘密裏に訓練が行われた。一九二四年、技術的な専門知識と協力と引き換えに、ソ連はロシア西部のリペツク近郊にドイツ空軍の訓練拠点を設けることに同意した。一九三三年には、ヒトラーの首相就任とともに、ドイツは外見を取り繕うのをやめ、一九二〇年代に違法に築かれた基礎の上にドイツ空軍（ルフトヴァッフェ）が正式に創設された。

## 2　アイディアの提供

軍用航空機の保有と、それをいかに有効に利用するかは全くの別問題であった。三人の思想家が、その後五〇年の大半にわたるエア・パワーの理論と実践を確立した。歴史家のハリー・ランソムは、三者それぞれの役割を以下のように簡潔に要約している。「ドゥーエはエア・パワーの理論家であり、ミッチェルはその宣伝者、触媒であり、トレンチャードは組織化の天才だったと言えるかもしれない」。

### ドゥーエ

ジュリオ・ドゥーエ将軍（一八六九〜一九三〇、図3）は、一九一二年からエア・パワーについて執筆と考察を続けており、明らかにエア・パワーの可能性を認識していた。著書『制空』（*The Command of the Air*、原題は *Il Dominio dell'Aria*、一九二一年初版。一九二七年に第二版）のなかで、「制空を勝ち取ることは勝利を意味する。空で負けることは敗北を意味する」と述べたことは有名である。ドゥーエは、第一次世界大戦中に何万人というイタリア兵士が非常にわずかな戦果と引き換えに殺戮（さつりく）されるのを直接目の当たりにしていた。彼は、エア・パワーはこのような無益

図3　ジュリオ・ドゥーエ

な殺戮を避けることができるかもしれないと主張したのである。エア・パワーは敵の戦略的中心に直接攻撃を仕掛ける選択肢を提供した。いまや空という戦争の新領域が切り開かれたが、空は陸や海と違って地球全体を覆っていた。航空機はこの新しい領域を飛び回るので、軍事計画立案者にとっての第一の関心は爆撃機の大部隊を用いて敵の航空基地を破壊することであるべきであった。いまではこれは「攻勢対航空」と呼ばれている。敵の空軍が無力化されれば、爆撃機は自由に飛び回って望むままに攻撃することができる。なぜなら、航空機の大機団に対しては有効な防衛が不可能であるとドゥーエは信じていたからである。いったん制空が達成され、利用されるとすれば、陸軍と海軍はその後、いまや完全に空からの破壊に晒(さら)されるために、二の次の問題となる。

そのうえ、新技術のために、敵の一般市民と産業資産(アセット)は事実上、前線に晒されることになった。社会の「生命中枢」に対する攻撃は、民間人の士気と戦意が打ち砕かれ、政府が講和を求めざるを得なくなることを意味する。ドゥーエは、もしエア・パワーが一国の軍隊を迂回(うかい)して、国民と政府を直接脅かすことができるとすれば、第一次世界大戦で見られたような戦闘の必要性は失われると示唆した。プロイセンの軍事理論家、カール・フォン・クラウゼヴィッツは、敵を敗北させるためにはその軍隊を撃破することが必要だと主張していた。ドゥーエは、暗にクラウゼヴィッツの主張はもはや妥当ではないと主張したのである。

## ミッチェルの遺産——米陸軍航空隊戦術学校

米国では、アラバマ州のマクスウェル空軍基地にある、新しい陸軍航空隊戦術学校（ACTS）で、〝ビリー〟・ミッチェルの遺産が生き続けた。陸軍航空隊戦術学校は、その精密爆撃至上主義から「爆撃機（ボマー）マフィア」と呼ばれるようになる空軍指導者世代を育てた。一九四六年、同学校は空軍大学（エア・ユニヴァーシティ）に改組され、現在でも米空軍の知的中心地であり続けている。

米陸軍航空隊戦術学校の卒業生たちは、第二次世界大戦と朝鮮戦争、ヴェトナム戦争におけるエア・パワーに関する米国の思考と計画立案を支配することになる。これらの将校たちは、（ドゥーエから大きな影響を受けた）ミッチェルがそうだったように、敵の「重要な結節点（キー・ノード）」を破壊する必要性を思考の中心に据えていた。「重要な結節点」とは、鉄道や発電所、水道を含む軍や産業の生産・補給のチョークポイントであって、ドゥーエが考えていたような一般人の人口重心ではない。これらの標的を叩けば、敵の継戦能力を崩壊させることができる。これは「産業網理論（インダストリアル・ウェブ・セオリー）」と呼ばれるようになった。一九三〇年代には、米陸軍航空隊に必要な精度でこれらの標的を空爆する能力を与えるために多大な努力が払われた。顕著なのは、第二次世界大戦で米国の爆撃機に搭載された、革新的なノルデン爆撃照準器の開発である。

## トレンチャード

ヒュー・トレンチャードも、ドゥーエと同様に、爆撃がエア・パワーの核心であり目的であると信じていた。トレンチャードは、爆撃の精神的効果が爆撃の成功を左右すると確信していたのである。一九一九年に起草された、連合国共同独立空軍の活動に関する報告書のなかで、裏付けとなる証拠が一切ないにもかかわらず、爆撃の精神的効果と「物理的効果の比率は二〇対一である」とトレンチャードが主張したことはよく知られている。同報告書は、さらに爆弾そのものよりも、労働者を工場から追い出す空襲警報のせいでドイツの産業が大きな被害を受けたという所見を述べる。トレンチャードは、一九二八年に発表された『イギリス空軍戦争マニュアル』（*Royal Air Force War Manual*、AP1300も呼ばれる）の作成を監督した。AP1300は、ミッチェルと米陸軍航空隊戦術学校が重視したことを反映し、生命中枢に言及している。「敵の抵抗および継戦能力を弱めるうえで最大の効果を発揮するであろう……目標を選ぶべきである」。トレンチャードのアプローチは、ドゥーエが提唱していたように民間人を直接攻撃するのではなく、ミッチェルと米陸軍航空隊戦術学校が重点を置いていた敵が戦う物理的能力を標的とすることでもなく、敵国民の戦意を失わせる標的を攻撃するものであった。

## ヴェーファー

連合国側についてはこれぐらいにしておこう。エア・パワーに対するドイツの知的アプローチはどうであろうか？　ドイツ空軍を創設当初から指揮していたのはヘルマン・ゲーリング、ヒトラーの最も古い政治的同志の一人である。彼は元戦闘機パイロットであって、補給や兵站（へいたん）、エンジニアリング、ドクトリンなど、空を飛ぶこと以外の航空戦の諸側面に関する視野が欠けており、きわめて有害であった。しかしながら、この新しいドイツ空軍には非常に有能な指導者も何人かいた。その最初にして最も有能な参謀長ヴァルター・ヴェーファー（一八八七～一九三六）は、ドイツ空軍が陸軍と海軍を補完しなければならないことを理解していた。

ヴェーファーは『航空戦要綱』（*Die Luftkriegführung*）を起草したが、これは「空軍服務規程・第一六号」という名称でよく知られている。同規程は、エア・パワーが単独で戦争に勝利するというような壮大な考えをすべて無視して、敵の野戦軍の撃破においてエア・パワーが果たす役割の重要性を強調した。敵の一般市民を攻撃することは、敵市民が抵抗する意思を失わせるよりも増大させる可能性が高く、大いに逆効果になると考えられた。あらゆる航空作戦の初期段階でドイツ空軍が重視すべきは、攻勢対航空を用いて空の管制（ドイツ語では*Luftüberlegenheit*）を獲得し、敵の航空機と補給網を破壊することで敵空軍を有力な脅威としては排除することであった。さらに、ヴェーファーは彼自身の言葉を引用するなら「航空戦の決戦兵器は爆撃機である」という見方をしていたけれども、これらの兵器（アセット）を敵基地と飛行機工場の破壊という主任務から転用することは無益であると考えられた。ヴェーファーは、「統合（ジョイント）」作戦（つまり陸軍と空軍の密接な協力）を重視する、バランスの取れた軍隊を確保しようと試みた。とりわけイギリスにとっては幸運なことに、いささか短慮なヴェーファーの後継者たちは、彼が提唱した重爆撃機部隊を発展させなかった。しかし、ヴェーファーが事故死した一九三六年には、ドイツ空軍は手ごわい軍隊として姿を現しはじめていた。

## 3 航空機の開発

第一次世界大戦後の一〇年間、（ソ連でのごく短期間を除いて）軍事航空研究のような道楽に大規模に費やせる資金はなかった。したがって、爆撃機——また実に戦闘機も——は、第一次世界大戦中の航空機とあまり変わらない速度で飛ぶ、低速の羽布（はふ）張り複葉機のままであった。イギリスの爆撃機、またフランスの爆撃機も、しばしば両国の帝国各地に分散する守備隊のための輸送機、貨物機という用途を兼ねていた。

一方で、ヨーロッパの民間航空は急成長していった。ほとんどの人にとってはまだ手が届かなかったが（ロンドン＝パリ間の往復運賃は八ポンド、イギリス労働者の平均週給の四倍ほど）、この新産業は採算が合うようになりはじめた。ドイツ国営企業のルフトハンザはとくに急速に成長し、一九二〇年代にはイギリスとフランス、イタリアの航空会社すべてを合わせたよりも多くの乗客を、さらに遠くまで運んだ。それどころか、戦間期ドイツの軍事計画立案者たちは、ルフトハンザの運行は爆撃機のパイロットを訓練する機会になると考えていた。当時ドイツは爆撃機［を含む軍用機］の保有を禁じられていたが、実際には爆撃機の開発を計画していたのである。

一九三〇年代初頭まで、少なくとも民主的な西側諸国では、民間航空技術は軍事航空技術を凌駕していた。一九三〇年代の旅客機の多くは、第二次世界大戦の直前の時期に爆撃機に発展する。一九五〇年代初頭まで空軍が利用していたすべての輸送機は、民間モデルを元に開発されていた。

一九三〇年代半ば以前、軍事航空において大規模かつ本格的な進歩があったのは、ソ連だけであった。たとえば、一九三一年、ロシアの航空機設計者たちは、世界初となる単葉四発爆撃機、ツポレフTB3を生み出している。一九三〇年代には、共産主義政府は西側諸国で見られるのとほぼ同様の航空への情熱を奨励していた。いくつもの記録が更新され、冒険飛行が達成された。たとえば、一九三七年六月には、ヴァレリー・チカロフが操縦するツポレフANT－25がソ連からカナダのヴァンクーヴァーまで飛び、世界初の北極横断飛行を成功させた。何百万人もが「ソ連国防および航空・化学建設協賛会」という長い名称の組織に参加したが、幸いにもオソアヴィアヒム（Osoaviakhim）という略称がある。一九四一年までに、同協賛会は軍務に服する何万人ものパイロットや技術者を訓練した。

現在は空挺（くうてい）戦と呼ばれるもの――パラシュートによる兵士の戦場投下――が大規模に発展したのは、ソ連においてである。一九三七年以前には、ソ連空軍は世界最大で、最先端の空軍の一つであったことは間違いない。ソ連にとって不幸なことに、一九三〇年代後半のスターリンによる粛清の際に、革新的設計者や未来志向の将軍たちの大半が投獄ないし殺害され、ソ連は長年の進歩を帳消しにした。こうして、革新と質に代わって、量が重視されるようになった。一九四一年、ソ連は空でも地上でも、こうした最高の軍事的頭脳の損失に対して非常に大きな代償を支払うことになる。

## 4　戦闘機の台頭

　ともあれ、一九二〇年代と一九三〇年代には、イギリス首相のスタンリー・ボールドウィンが一九三二年に庶民院で述べたように、「［どんな対策を講じたところで］爆撃機は常に侵入する」という予感があった。大都市の一般市民がいまや標的になっており、その時が来たら破壊は絶対的なものになるという確信、それどころか諦観（ていかん）すらあったのである。

　ところが、爆撃機は必ずしも「常に侵入する」とは限らないと考える者もいた。〝ビリー〟・ミッチェル自身、戦闘機（または当時の米国の呼称では「追撃機（パシュート）」）は「空軍が依拠する土台」であると一九一九年に述べ、また戦闘機はいかなる空軍にとっても必須の要素であるという見解を維持していた。どの空軍も、空襲に対して強力な防衛体制を敷くことができるという期待を失っていなかったし、戦闘機の有力な支持者はいたるところにいた。有名なのは米陸軍航空隊戦術学校のクレア・シェノートで、彼は一九四一年に中国の「フライング・タイガース」部隊［日中戦争時に活躍した中国軍に所属する米航空義勇軍］を指揮することになる。

　一九三〇年代初頭、戦闘機は爆撃機とくらべて格段に高速というわけではなかった。さまざまな演習が実証していたように、爆撃機の位置を特定して撃墜するのは非常に困難だろうという想定は妥当であった。一九四〇年代が近づくにつれ、往々にしてエアレースにおける民間の技術開発の結果として、はるかに高速で重武装の戦闘機が開発されてゆく。イギリスには、スーパーマリン「スピットファイア」とホーカー「ハリケーン」があった。高速・高機動性を誇る、全金属製（「ハリケーン」の場合には、ほぼ全金属製）の迎撃機（インターセプター）で、機関銃を八丁搭載し、以前の羽布張りの複葉機より一世代先を行っていた。どちらの飛行機も、一九三六年のベルリン五輪でお披露目された、ドイツが作り出した最高の戦闘機、メッサーシュミットBf109に匹敵した。

防空の問題には相当な熟慮が重ねられたが、イギリスではとくにそうであった。これには科学的知見と軍の決意、またとくに一九三七～四〇年の首相、ネヴィル・チェンバレンからの協力的な政治的監督の組み合わせが必要であった。最重要人物を一人挙げるとすれば、それは一九三〇年に空軍参謀部内で補給と研究を担当するようになったヒュー・ダウディングである。彼は科学技術の教育は受けていなかったけれども、当時利用可能だった技術をしっかり理解するために時間を費やした。ダウディングは、これらのうちで最も重要な技術、ロバート・ワトソン＝ワットが発明した無線方向探知（RDF）に資金が投入されるように取り計らった。一九三六年には、ダウディングは新しく創設された戦闘機軍団（ファイター・コマンド）の司令官となった。この立場において、彼は自身の名前が付けられることになるシステム――ダウディング・システム（第4章参照）――を監督したのである。

## 5　戦略爆撃が本格的に始まる――スペイン内戦と日中戦争、一九三六〜三九年

エア・パワーが生み出したあらゆる魅力、恐怖、議論、プロパガンダにもかかわらず、エア・パワーには依然として決定的な真の戦略的役割がなかった。しかし一九三六年七月二七日、スペイン・モロッコ運輸会社が三〇〇万ドイツ・ライヒスマルクの資金提供を受けて設立されると、状況が変化する。同社には数十機のユンカースＪｕ52輸送機が提供され、フランコ将軍配下の冷酷なまでに有能なアフリカ軍をスペイン領モロッコの各拠点からスペインまで空輸した。これはもちろんドイツ空軍の作戦であって、「魔の炎（フォイエルツァウバ）」という暗号名で呼ばれている。この作戦はナショナリスト派の反乱軍に有利になるように勢力バランスを傾け、スペインの歴史を変えた。このように、エア・パワーの利用が初めて真の政治的ないし戦略的効果を発揮したのは、爆撃機ではなく輸送機によって実施された作戦だったのである。

ユンカースＪｕ52はコンドル軍団（新しく創設されたドイツ空軍を母体とする義勇遠征軍）の先兵を務めた。新型のメッサーシュミットＢｆ109戦闘機を保有するコンドル軍団は、激しい戦闘を経て、スペイン共和国軍を支援するためにスターリンが派遣したほぼ同等に先進的なソ連のＩ－15複葉戦闘機とＩ－16単葉戦闘機から、空の管制を奪い取ることに成功した。ドイツ空軍の新しいハインケルＨｅ111爆撃機とユンカースＪｕ87「シュトゥーカ」急降下爆撃機は、共和国側の補給と増援に対す

る阻止攻撃（コラム③）を実施するにあたって、空の管制を確保したことで得られた行動の自由を最大限に活用した。ドイツは、イタリアやスペインの航空機と一緒で、都市や民間目標の爆撃を忌避することもなかった。一九三六年一一月のマドリードに対する一連の空襲は、ドイツ軍司令官たちに民間人の爆撃はほとんど何の役にも立たないという確信を持たせることになる。戦闘経験が得られるにつれて、作戦ドクトリンが洗練された。とりわけ、効果的に実施するには当時もいまもかわらず広範かつ現実的な練習を必要とする、地上軍との連携という厄介な仕事に熟練していったのである。ドイツが発展させた作戦技法の組み合わせは、一九三九年に「電撃戦」として知られるようになる（ただし、「電撃戦」という用語はドイツ軍のドクトリンには一度も登場しない）。

イタリアもドイツと並んでスペイン内戦に関与していたが、イタリアの関与はそれほど効果的ではなかった。一九三五年以降、イタリアはエチオピアでの残虐な征服戦争も遂行しており、またドゥーエの遺産にもかかわらず、同時代の戦争に適した思想の発展をとくに真剣に考えたりはしなかった。

その一方で、地球の裏側では、のちに枢軸同盟を形成する第三の主要加盟国が行動を起こしていた。一九三七年、日本軍は違法に獲得・保持していた傀儡（かいらい）国家、満洲国から中国に侵攻した。日本陸軍航空隊による空襲は何千人という中国の民間人を殺害した。顕著な例は、一九三九年五月、中国の都市、重慶に対する一連の空襲で一万二〇〇〇人もの人々が殺されたことである（一九四一年の空襲で、さらに四〇〇〇人が殺された）。これらの事例は、第二次世界大戦中のドイツに対する連合国合同爆撃機攻勢（アライド・コンバインド・ボマー・オフェンシヴ）以前では、おそらく最も破壊的な航空攻撃であった。この時期には、中国国民党空軍（中華民国空軍）が、当初は外国、とくにソ連の支援を受けて、勇敢だが無益な抵抗を試みた。それどころか、全金属製の単葉機同士（中国軍のボーイングP－26と日本海軍の九六式艦上戦闘機）の最初の空中戦は、一九三七年九月、南京爆撃のさなかに起きたのである。日中戦争は凶悪な蛮行と数百万人の人命の損失により特徴づけられることになる。同戦争の終結は、一九四五年八月の二度の原爆投下を待たねばならなかった。

## コラム③ ゲルニカ——最初の「衝撃と畏怖（ショック・アンド・オー）」空襲

一九三七年四月二六日、小さいがスペイン国民にとって重要なバスク地方の町、ゲルニカは、ヴォルフラム・フォン・リヒトホーフェン（第一次世界大戦中の有名な撃墜王の従兄弟（いとこ））が指揮する、ドイツ「コンドル軍団」の三〇機ほどの飛行機の攻撃を受けた。おそらく、新型のメッサーシュミットBf109にとって初の戦闘ミッションであった。この空襲は、主要な交通の結節点の破壊を主眼とする、一連の爆撃の一つとして計画された。二〇〇人ほどの民間人が命を落とし、死亡した兵士はほとんどいない。その三週間前に実行された、もっと小さな町、ドゥランゴに対する同様の空襲では、より多くの死傷者が出ていた。

ゲルニカ爆撃はしばしば無差別爆撃（テロ）の事例と見なされており、これは理解できることである。ところが、ドイツ空軍ドクトリンは、敵の退路をふさぐなど地上軍に直接の恩恵をもたらすのでないかぎり、民間目標の爆撃を提唱していなかった。ゲルニカや同じような空襲の多くの目的は主に戦術的なもので、共和国側の市民や兵士たちに恐怖と混乱の種を蒔くことはその副産物であった。

　ゲルニカの空襲が重要になったのは、とくにタイムズ紙のジョージ・スティア記者による記事のような、鮮明でおぞましく、説得力のある国際メディアの報道と、それより説得力に欠けるナショナリスト派の虐殺の否認が組み合わさったためであった。ある町の破壊の報道が国際的な憤激を引き起こしたのはこれが初めてである。パブロ・ピカソはこの爆撃の印象的な解釈を絵で表現した。美術批評家のハーバート・リードによれば、この絵は「偉大な才能により増幅された、怒りと恐怖の叫び」である（図4）。その複製［タペストリー］がニューヨークにある国際連合本部の安全保障理事会議場の外に掲げられている（オリジナルはマドリッドのプラド美術館に収蔵）。二〇〇三年二月六日、イラクへの武力行使を提案するコリン・パウエルの演説の前に、この複製には覆いがかけられた。米国代表団の要請のためとされる。そのほぼ一ヵ月後、数日間に及ぶ「衝撃と畏怖」の空爆とともに、イラク侵攻が始まった。

図4　ピカソ『ゲルニカ』

## 6　海のエア・パワーの具体化

日中戦争とは離れて、日本海軍は独自のエア・パワーとそれを投射する手段を発展させつつあった。第一次世界大戦におけるイギリス海軍の事例に刺激を受け、また少なくとも当初はイギリス人顧問の助けを借りて、日本海軍は空母と海洋航空機、優秀な水兵と航空兵からなる世界最強の空母部隊を築きはじめた。一九四一年には、戦争の経緯が実証するように、日本海軍は複数の空母から大規模な航空作戦を実施できる世界で唯一の海軍であった。米海軍もこのスキルを素早く習得することになる。しかしながら、日本の訓練・開発体制は重大な欠陥を抱えていた。この欠陥――とくに、優秀な海軍航空機搭乗員の補充員を訓練する大規模な体制を確立し損ねたこと――は、当初は致命的ではなかったが、やがて深刻な被害をもたらすことになる。陸海軍がそれぞれまったく異なる航空機を保有していたため、米国のような膨大な拡張可能性を持たない日本の産業文化には不必要な重複が生じていた。

日本と同様に、米海軍は海軍のエア・パワーにおいても急速に進歩を続け、当初の想定である「艦隊の眼」としての役割をはるかに超えていった。最初の空母「ラングレー」（石炭輸送船を改装）は一九二二年に就役した。一九三〇年代には、一連の有名な空母がこれに続いた。第二次世界大戦の初期に戦線を支えた三隻のヨークタウン級空母（「ヨークタウン」「サラトガ」「レキシントン」）などである。大規模な海兵隊航空団と共同で行う、海からの上陸（水陸両用作戦）などの攻勢任務を支援するためには、この新しい能力をどう利用すればよいか、また艦隊の防御に役立つ戦闘機戦術について、多くの熟慮が重ねられた。

イギリス海軍は、第一次世界大戦における海洋エア・パワーの先駆者であったが、戦間期には低迷した。一九二一年のワシントン海軍会議で新規建艦を制限されたために、イギリス海軍は第一次世界大戦期の艦船を使い回さなければならなかった。いっそう有害なことに、各軍部間の絶え間ない小競り合いの結果として、海軍の航空部隊はイギリス空軍に移管されたが、イギリス空軍は控えめに言っても海軍の航空部隊を優先事項とは見なしていなかった。したがって、一九三九年に艦隊航空隊（フリート・エア・アーム）がイギリス海軍に返還され、また新空母が建造されたけれども、搭載する航空機は一世代前のものであった。しかしながら、第二次世界大戦の経過が示すように、装備は旧式だったにせよ、イギリス海軍はその積極性と革新性の強みを保っていたことが明らかになる。

第一次世界大戦中に進化を遂げた軍事能力の多くは、戦間期のあいだに発展・向上し、諸国がそれぞれの強みを活かしていた。ドイツは空軍の創設にあたって陸戦の伝統を利用し、ドイツ空軍は主に陸軍を支援するよう企図、構成されていた。日本では海軍の伝統が最近創出されたばかりで、空母を用いる戦術と作戦の問題に集中していた。イギリスでは、爆撃機団による脅威への懸念がエスカレートし、爆撃機の侵入を防ぐべく、適切な防衛網の構築を求める声が高まっていた。これはレーダーと有効な戦闘機などの新技術、またそれらを非常に優れたシステムへと組み込むというかたちをとった。同様に、英米両国では、重爆撃機が前方防衛と抑止の両方を提供する手段と見なされていたのである。

# 第4章　第二次世界大戦——西ヨーロッパの航空作戦

## 1　戦場のエア・パワー、一九三九〜四五年

第二次世界大戦は一九三九年九月、ポーランドが二正面からの侵略に直面した時に始まった。最初にドイツが西から電撃戦を仕掛け、ドイツに呼応してソ連軍が東から攻撃した。入念に計画されたドイツ空軍の急襲を受けて、ポーランド空軍がそれなりに有効な戦闘部隊として活動を続けられたのは三日間ほどである。ポーランド側は数の上で圧倒的に劣勢であり、最新の戦闘機およびそれらを管制するために必要なシステムを持たないせいで無力であった。

一九四〇年五月にフランスに侵攻する機会が訪れた時には、ドイツはきわめて効率的な組織を作り出していた。ドイツ空軍と陸軍の指揮官たちは並立するように配置され、航空偵察を含む、陸上

部隊と航空部隊の両方から得られる情報をすべて共有した。このおかげで、入手できるかぎり最良の情報に基づいて、地上軍を支援するべく資源配分を中央集権的に行うことができ、したがって限りある資源をばらばらに浪費するのを避けることができた。

ドイツ軍がそのエア・パワーを半ば独立した「航空艦隊（ルフトロッテン）」として実戦展開すると、ドイツの「作戦次元の航空戦（オペレーショナル・エア・ウォー）」はさらに効果を発揮するようになった。航空艦隊は爆撃機と戦闘機、輸送機、偵察機の部隊から構成されており、作戦域内もしくは複数の作戦域間を移動することが可能であった。

一九四一年六月のソ連侵攻の際には、ドイツ軍はその作戦次元の航空戦を採用し、また大規模に実施した。偵察を相当に重視するとともに、卓越したC3構造を活用することで、ソ連軍に大損害を与えた。ドイツ空軍はバルバロッサ作戦を一九四一年六月に開始して、一連の攻撃でソ連空軍の大半を地上で破壊した（一九六七年にイスラエルが再現した技法である）。しかし、ソ連空軍は二年もしないうちに再建された。これは、ドイツ軍の航空攻撃の及ぶ範囲をはるかに越えて、ウラルやその先まで工場を東方に移設したことも奏功した。

戦闘機団と爆撃機団、またとくに、イリューシンIL－2「シュトゥルモヴィーク」などの優れた重武装・重装甲の近接航空支援機の飛行群が「航空軍（エア・アーミー）」に編成された。航空軍は、ほぼ常にソ連陸軍の方面軍（アーミー・グループ）に配属されていた。ソ連軍最高総司令部が必要な場所に大規模に支援を展開することができるようになると、形勢が逆転する。連合国によるドイツ空爆によってドイツ軍の戦闘機部隊の大半が本国に引き揚げたおかげで、ソ連軍は大幅に戦力を減じたドイツ空軍を相手に空の管制をめぐって戦うことができた。

西側連合国が戦場そのものにおけるエア・パワーの行使の仕方を学びはじめたのは、地中海の戦域においてであった。地中海では、アーサー・テダー空軍大将がイギリス空軍中東軍団（ミドル・イースト・コマンド）の司令官を務めていた。テダーと彼のチーム、とくに直属の部下であり砂漠航空軍（デザート・エア・フォース）を指揮するアーサー・カニンガム空軍中将は、敵から学ぶことを恥としなかった。彼らのアプローチのいくつかは、ドイツ空軍が実施した電撃戦の作戦技法、さらにイギリスの戦間期の思考に由来している。こうした技法には、空軍と陸軍の司令部を前線近くの同じ場所に設置すること、また適切なタイミングで必要な場所に十分な量の航空支援が届くようにする、簡略化された効率的なＣ2手順が含まれている。情報将校と作戦将校のあいだのきわめて密接な協力も重要であると考えられた。

イギリス空軍が苦しみながら学んだＣ2に関する教訓は、米陸軍航空軍（アーミー・エア・フォース）（米陸軍航空隊と航空軍戦闘軍団（エア・フォース・コンバット・コマンド）を合併して一九四一年に設立）によってその大部分が採用された。これらの教訓は、何十年にもわたり空地連携に関する米国の思考の基礎となっている、重要な米航空ドクトリン文書ＦＭ100－20（一九四三年）に要約されている。その印象的な冒頭の文言は、太字の大文字で以下のように印字されている。「ランド・パワーとエア・パワーは同格かつ独立した軍隊である。そのどちらも他方の補助部隊ではない」。

ＦＭ100－20によれば、エア・パワーの利用における三つの優先事項は、①空の管制、②阻止攻撃、最後に③近接航空支援である。一九四二年一二月には、北アフリカの空の管制を確保したイギリス軍および連合国軍は、北アフリカにおいて、大慌てで退却するドイツ軍とイタリア軍を追跡し、繰り返し攻撃し、また阻止攻撃を行っていた。その一方で、雷撃機の飛行隊が地中海で何千トンもの船舶を撃沈し、ドイツとイタリアの補給線にきわめて重大な問題を引き起こしていた。これらの阻止攻撃作戦は、一九四二年一〇月のエル・アラメインの戦いにおけるイギリスの勝利にとって、またその後の北アフリカからドイツ軍とイタリア軍を駆逐する連合国の作戦においても重要であった。

軍種間の優れた連携に加えて、北アフリカ、またのちにシチリアで発展した技法は、連合国が一九四四年半ばに北西ヨーロッパに侵攻した際に壊滅的な結果を生じた。その時までに航空優勢が獲得されており、連合国の戦術空軍はドイツ軍の上空を自由に飛び回って大規模な破壊を引き起こした。そのうえ、「戦闘爆撃機」が進化していた。イギリスのホーカー「タイフーン」や米国のリパブリックP－47「サンダーボルト」などの航空機は、地上の標的をロケット弾や爆弾で攻撃し、敵戦闘機と対等に渡り合うことができた。ドイツ空軍の戦闘機をフランス上空で見かけることはめったになかった。ドイツが戦争の初期にポーランドとフランスに対して行ったことを、今度は連合国がドイツ陸軍に対して行ったのである。第二次世界大戦後半に発展した近接航空支援の技法と手順は現在でも用いられているが、効力を発揮するためには常時の訓練が必要である。

## 2　空の管制の確保——イギリス本土航空戦（バトル・オブ・ブリテン）、一九四〇年

イギリス本土航空戦の際に、ドイツ空軍は戦略軍として単独で作戦を実施することになるが、重爆撃機部隊を保有せず、それを運用するためのドクトリンもなかった。しかしながら、ドイツ空軍は対仏戦ですでに相当な死傷者を出していたにもかかわらず、一九四〇年の夏の時点では、イギリスを降伏させることができると確信していた。世界最強を誇るイギリス海軍が英仏海峡の横断を試みるドイツ軍を完敗させる見込みは高かった——ドイツ空軍がイギリス海軍を脅かすことができなければ、である。来る（きた）ドイツの空襲は、イギリス空軍の戦闘機軍団を壊滅させることにより、空の管制［制空］を獲得することを主眼としていた。その時初めて、イギリスに講和を強制することができるかもしれなかった。

戦闘機軍団が「スピットファイア」戦闘機および「ハリケーン」戦闘機という優れた兵器を保有していたという事実は、イギリス本土航空戦をめぐる物語の一部でしかない。ドイツ空軍の側には、高速爆撃機と傑作機メッサーシュミットBf109戦闘機があった。イギリスの勝利の要因は、イギリス空軍がダウディング・システム（初の真の統合防空システム）に組み込まれており、同システムによりイギリスは兵力を最大限に節用しながら空の状況を監視、管制するとともに影響を及ぼす能力を獲得したことであった。イギリスは、第一次世界大戦中のロンドン防空管区の発展により、すで

にある程度は統合防空システムの経験を積んでいた。

早期警戒は、無線方向探知（RDF、一九四二年に米国での名称「レーダー」と呼ばれるようになった）によって実施された。もしRDFが機能しなかったり、損害を受けたりした場合、または航空機が海岸線を越えて進入して初期のRDFがもはや航空機を探知できなくなった後では、防空監視団（オブザーバー・コー）と呼ばれる人間観測員の監視網が接近する航空機の移動を追跡した。ダウディング・システムを構成する各要素は、脅威を評価して対応を指揮する中央管制室にそれぞれの情報を伝達する。このシステム全体が、今日では「航空状況認識図（レコグナイズド・エア・ピクチャ）」（RAP）と呼ばれるものを作り出した。

主管制室が機能しなくなったり、爆撃で損害を受けたりした場合には、情報は予備管制室に送られる。情報伝達はすべて地中深くに埋められたケーブルの非常に安全（セキュア）な通信網を介していた。対空砲の砲列が標的になりそうな場所を守っていた。別の言い方をすれば、あらゆる次元で冗長性の要素が存在したのである。『最も危険な敵』（*The Most Dangerous Enemy*, 2000）の著者スティーヴン・バンゲイは、それを「カオスを制御するシステム」と呼んだ。『第二次世界大戦』（*The Second World War*）で、チャーチルは以下のように記した。「戦争が始まる前にダウディングの進言と推進によって、空軍省が考案し構築した……この体制が整っていなければ、いかにハリケーンやスピットファイアが［個々では］優位に立っていたとしても、なんら効果がなかったであろう」。ドイツがこれに匹敵するシステムを構築するには一九四三年までかかったし、日本は一切構築せず、非常に大きな代償を払うことになった。一九四五年に米国の爆撃機が多くの都市を壊滅させたのである。

イギリスの航空産業がドイツの二倍の速さで戦闘機を製造できたことに加え、優れた補給・修理組織もイギリスにとってきわめて重要であった。このおかげで、どの時点でも戦闘機軍団は機体の不足に悩まされたりしなかったのである。さらに、厳しい訓練を積んだ地上整備員のおかげで、戦闘機軍団はドイツ側よりも多くのミッションを飛ぶことができた。多数の航空機を抱えていたとしても、少数のミッションしか飛べない、ないし少数の「出撃（ソーティ）」しか「実施（ジェネレート）」できないならば無益である。言うまでもなく、これはイギリス空軍が自領土上空で活動しているがゆえであった。

これらすべての要素は、イギリスの側での周到な備えを物語っている。こうした先見の明はドイツの側にはなく、ドイツは主に短期戦を念頭に計画していた。さらに、イギリスにはヒュー・ダウディングその人と、その部下のキース・パークなどの指揮官たちという卓越した指導者がおり、優れた情報と兵站、指揮・統制にも恵まれていた。その一方で、ドイツ空軍の情報はイギリスが戦力を補充する能力を絶えず過小評価していた。

イギリス本土航空戦の一般的な評価は、寡をもって衆を制した、また容赦なく効率的でプロフェッショナルな戦争機構がイギリス人の勇気と頑固一徹によって倒された、というものである。ところが、真実はむしろその逆である。プロフェッショナルな執拗（しつよう）さを示したのは、ドイツ側よりもイギリス側であった。数で圧倒されたという点について言えば、イギリス本土航空戦が始まった時にはイギリスの戦闘機はドイツの戦闘機とほぼ同数であったし、終わる頃には数で凌駕していた。

なにより、イギリスは非常に明確な目標をもっていた。イギリス上空における空の管制をドイツに獲得させないようにすることが、戦闘機軍団の任務であった。一方ドイツ側では、上級司令官たちから伝えられる漠然とした戦略指導に影響されて、目標が変更された。まさにイギリス空軍の基地に対する持続的な攻撃が実を結びつつあり、戦闘機軍団がイングランド南部の上空で激しい圧力に晒されていた時に、ドイツ空軍はロンドンへの攻撃に重点を移したのである。こうした目標の変更は、イギリスの戦闘機軍団の基地に態勢を立て直す時間と、ドイツ側の弱点を突く機会を与えてしまった。とくに、メッサーシュミットBf109戦闘機による護衛の航続距離が非常に短いことが弱点であった。一九四一年にドイツ空軍の戦闘機隊総監となるアドルフ・ガラントは、ロンドン爆撃に集中するという決断を「おそらくゲーリングが戦争中に犯した最大の過ち」と評した。

このことは決して戦闘におけるイギリスの偉業を貶めるものではない。その逆に、イギリス本土航空戦は、エア・パワーの実践者にとって、即興の解決策が——たとえどんなにうまく適用されようとも——深遠な思考、綿密な準備、明快な戦略の代わりになることはめったにないことを示す実証例になっている。とはいえ、イギリス本土航空戦の勝利は、多くの整備員、航空機組立工、RDF図示員、そのほか日の当たらない職員のおかげでもあり、その功績はイギリス空軍の「少数」の戦闘機搭乗員に匹敵する。

概念的には、防勢の航空作戦は戦略的効果と政治的効果を持ち得るということが示された。イギリス本土航空戦の結果、イギリスは主要交戦国としての地位を守ったのである。それはまた、果たして白昼の爆撃は持続可能な活動なのかという重大な問いを投げかけていた。この疑問はそう遠からず再び生じることになる。

## 3 「因果応報」——爆撃機攻勢、一九四二〜四五年

イギリス本土航空戦が終結したのち、ドイツ空軍が主に夜間に実施したイギリスの諸都市に対する攻勢は、一九四一年五月に終息したが、四万三〇〇〇人の人命が失われた（戦争中には、爆撃とV1巡航ミサイル、V2ロケットにより、その後さらに数千人が死亡した）。イギリス本土航空戦のさなかにドイツ空軍が行った、ロンドンおよびその他の諸都市に対する爆撃の主目的は、民間人の殺害ではなく、工業生産能力に損害を与えることであった。民間人の死者は容認できる副産物だったが、意図的な副産物ではなかったのである。イギリス側からすればこれは観念的な区別にすぎず、またロンドン大空襲の影響により、イギリス空軍がより大きな損害をもたらしうる爆撃機攻勢を実施するのを支持する大きな政治的衝動が生じた。いまこそ、ドゥーエとトレンチャード、ミッチェルが練り上げた理論を実践に移す時がやってきたのである。

イギリス空軍爆撃機軍団の作戦は、最初の二年間は非常に限られた戦果しか挙げなかった。最初の作戦は、軍事目標や重要な産業目標に対して白昼に実施された。日中、敵領土上空に有効な戦闘機が存在するなか、護衛を伴わない軽武装の爆撃機が撃墜されることなく任務を遂行できるという誤解は、すぐに猛然と反証された。護衛を受けない爆撃機はきわめて脆弱（ぜいじゃく）であり、のちに米国は

この教訓を改めて学ぶことになる。

必然的に、イギリスは当時、夜間にしか爆撃を行わなかった。空軍参謀たちは、戦前には、夜間爆撃のためにイギリス空軍に必要な三つのスキル（①夜間操縦、②夜間爆撃照準、③夜間航法）を軽視していた。標的に命中させるどころか、標的を発見することでさえ、適切な技術なしには不可能であった。高級官僚のデイヴィッド・バットは、戦争初年度の空襲成功率の精査をまかされた。一九四一年八月、彼とそのチームは――たとえ好天と良好な視界に恵まれたとしても――標的から五マイル（約八キロ）以内に爆弾を投下できた爆撃機は三機に一機だけだったと報告した。夜間に精確な爆撃を遂行するのは不可能ではないにしても困難であった。

アーサー・ハリス空軍大将は、一九四二年二月に爆撃機軍団を引き継いだ。司令官就任直後に述べたところによれば、「風の種を蒔いた者〔ドイツ〕は嵐を刈り取るだろう」〔因果応報を意味する格言〕。ハリスは決して純粋な士気（モラール）爆撃（ないし「無差別（テロ）」爆撃）の提唱者ではなかったが、ドイツを倒す唯一の方法はその産業を壊滅させることだと強く信じていた。たとえ、ドイツの産業が都市を基盤としているために、産業の爆撃が多数の民間人の殺害を意味するとしても。ハリスが方針を定めたわけではないと強調しておくことが重要である。作戦上の指揮官である彼の役割は、方針を立てることではなく、方針を実施することであった。

一九四二年初頭、ドイツとその同盟国はあらゆる戦域で優位に立っていた。爆撃機攻勢はいまやドイツに反撃する唯一の方法であり、イギリスの軍事力と産業力の「重点努力」となる。一九四二年二月一四日の地域爆撃指令により、ハリスは「制約なしに隷下の部隊を運用する」承認を得た。その主目標は「敵市民、とくに産業労働者の士気」であった。

## 4　技術の進歩

イギリス空軍は、依然として標的を発見し、爆弾を命中させるというきわめて厄介な問題に直面していた。イギリス空軍の新型四発重爆撃機、とくに一九四二年以降イギリスの戦力を大幅に強化した優秀なアヴロ「ランカスター」のために、無線や地上走査レーダー（それぞれ「Ｇｅｅ」と「Ｈ２Ｓ」など）の航法支援装置が開発された。また専門の「パスファインダー」〔爆撃先導機〕の飛行中隊が爆撃機軍団によって創設された。「パスファインダー」隊員は傑作機「モスキート」を操縦することが多かった。「モスキート」は主に合板でできており、「オーボエ」ビーム追跡システム〔二つの地上局が送出するビームを利用して飛行機の航路を修正し、爆撃地点を指示する無線航法装置〕を搭載していた。彼らの役割は、標的を発見して、照明弾（フレア）や無線を用いて爆撃機を標的まで誘導することである。夜間には、特定の標的に命中させられることはほとんどなかった。したがって、戦争の大半の時期に、イギリス空軍爆撃機軍団は「地域（エリア）」爆撃に従事することになる。この結果、多数の民間人死者が出た。ハリスの目標の一つであった、産業労働者の「住宅破壊（デハウジング）」と彼らが働く工場の破壊に伴う副産物であった。

急速に発展するドイツの統合防空システム、とくに高射砲およびレーダーを搭載する夜間戦闘機と、イギリスの夜間爆撃機との戦いは、一進一退であった。一九四三年七～八月、ハンブルクはとくに壊滅的な攻撃に晒された。この攻撃には、「ゴモラ」作戦という適切な暗号名が付けられている［「ゴモラは旧約聖書に登場する天の業火に焼き滅ぼされたとされる都市」］。火災旋風が少なくとも三万五〇〇〇人の命を奪うとともに、同市の四分の三を破壊し、ナチ政権を動揺させた。ドイツの諸都市の多数どころかほとんどの都市が深刻な被害を受けたが、同様の空襲によりドレスデンが焼き払われるまでは、一都市に対する空襲でゴモラ作戦ほどの死傷者は出なかった。この一九四五年二月のドレスデン空襲（「サンダークラップ」作戦）では、三万人以上が殺された。これは米第八空軍との共同作戦であった。爆撃機軍団は、一九四三～四四年の冬のベルリンに対する作戦で非常に多くの損失を被った。イギリス空軍による空襲の一部、たとえば一九四四年三月三〇日のニュルンベルクに対する空襲での損耗率は、一一パーセントに上っている。航空機搭乗員が三〇回のミッションを遂行することを期待するなら、これは持続不可能であった。このような損耗率では、長期にわたって生存できる者はほとんどいない。大半の空襲での損耗率は三～四パーセントであった。

しかしながら、航法能力と爆撃照準能力が向上するにつれ、イギリス空軍の爆撃機はいくつかの見事な精密爆撃を敢行した。最も有名なのは、［ルール工業地帯の水力発電ダムの破壊を目指す］「ダムバスターズ」爆撃（「チャスタイズ」作戦、一九四三年五月）と、ノルウェーにおけるドイツ戦艦「ティルピッツ」の撃沈（「カテキズム」作戦、一九四四年一一月）である。戦争後半の二年間には、イギリスが夜間に爆撃を行う一方で、米陸軍航空軍が占領下のヨーロッパとドイツ本国の各地で戦っていた――それも白昼に。

## 5 「合同」する爆撃機攻勢

米陸軍航空軍は一九四二年末までに相当規模の戦力を伴ってイギリスに到来し、翌年には第八爆撃機軍団（一九四四年に第八空軍に改称）としてイングランドに爆撃機部隊を築き上げる。ノルデン爆撃照準器を搭載するB－17「フライング・フォートレス」爆撃機を主力とする第八爆撃機軍団は、一七七の標的からなる事前に用意された標的リスト（米陸軍航空隊戦術学校の卒業生によって考案された計画）を携えてイギリスにやってきた。この計画はAWPD－42（「航空戦争計画部による」一九四二年版航空戦計画案）と呼ばれるもので、作戦計画というよりは指針にすぎなかったが、その目標は六ヵ月以内にドイツを戦争から脱落させることであった。

一九四三年夏には、第八爆撃機軍団は厳選された産業部門（この場合にはボールベアリングと戦闘機エンジン）に対する白昼精密爆撃という「産業網理論」を実践に移した。イギリス空軍がすでに発見し、また警告していたように、白昼爆撃は強力な戦闘機の護衛がなければ不毛な試みである。そのうえ、アリゾナの砂漠の訓練空域で得られるような精度は、北ヨーロッパの気流が渦巻く気象に加えて、戦闘機と対空砲（「高射砲（フラック）」と呼ばれた）という凶悪なコンビによる攻撃があるなかでは不可能であった。ドイツに対する最初の大規模な空襲（シュヴァインフルトとレーゲンスブルク）では、出撃した米爆撃機の最大三〇パーセントが撃墜されるか二度と飛べないほどに大破するかというほどの非常に大きな損害を出した。ドイツの統合防空システムはうまく機能し、有効なレーダー・システムの支援を受ける優秀で大胆な昼間戦闘機部隊により、爆撃機は次々と撃墜された。イギリス空軍にとっても米陸軍航空軍にとっても、一九四三〜四四年の冬は爆撃作戦における危機的局面であった。

　連合国のフランス侵攻が近づくにつれ、英米両空軍に適用される戦略は明らかに変化していた。この変化は一九四三年一月のカサブランカ会談ですでに連合国首脳たちによって示唆されていた。二つの爆撃機攻勢は、いまや「合同爆撃機攻勢（コンバインド・ボマー・オフェンシヴ）」に統合されたのである。当初の目標は、西側連合国のフランス侵攻を待ち受けるドイツ軍部隊に補給と増援が到達するのを阻止することであった。これは戦略次元の阻止攻撃である。この攻撃は「輸送・交通計画（トランスポーテーション・プラン）」（一九四四年三〜八月）と呼ばれ、フランスの鉄道、橋、道路の破壊を意味した。この任務の大半を遂行したのは連合国の戦術空軍「連合国遠征空軍（アライド・エクスペディショナリー・エア・フォース）」である。これはイギリス空軍と米陸軍航空軍の編成部隊であり、双発の高速爆撃機と、米国のP-47「サンダーボルト」やロケット弾で武装するイギリスのホーカー「タイフーン」などの強力な戦闘爆撃機を主力としていた。

　こうした攻撃を実行するには、必然的に空の管制の獲得が必要であった。カサブランカ指令は空の管制の獲得——とくに、ドイツ戦闘機に「重大な損失を与える」という要件——を優先事項とし

図5　P－51「マスタング」戦闘機の飛行

ていた。一九四三年六月のポイントブランク指令はカサブランカ指令を補完するもので、連合国の戦略空軍、とくに第八爆撃機軍団にドイツ空軍を支える産業の破壊を指示していた。一九四三年末までに、米国はこの指令を達成するための道具を手にしていた。そのうち最も重要だったのは、P－47「サンダーボルト」、P－38「ライトニング」、またなかでも最も強力なP－51「マスタング」などの優れた長距離戦闘機の大部隊である。P－51は傑出した飛行特性を備える戦闘機（「空のキャデラック」という愛称で呼ばれた）で、最も重要なことに、新しいドロップタンク［空中投下可能な外部燃料タンク］を搭載し、ドイツ国内の奥深くまで――それどころかベルリンまで――飛行し、帰還できるほどに航続距離が長かった（図5）。

一九四四年一月以降は、〝ジミー〟・ドゥーリトル中将が米第八空軍［第八爆撃機軍団を改称］の司令官に就任した。彼はすでに一九四二年四月の東京空襲で名声を得ていた（第5章を参照）。ドゥーリトルは、高度な訓練を積み、またいまやよく装備の整った戦闘機部隊に対して、爆撃機の護衛を副次的任務として扱うよう指示した。爆撃機自体はドイツの航空機工場と燃料供給を壊滅させる。「第八空軍に所属する戦闘機の第一の任務は、ドイツの戦闘機を破壊することである」。これは明確に消耗戦を意図しており、実際に効果を上げた。一九四四年の最初の数ヵ月、とくに戦闘が激しかった時期に、ドイツ空軍の戦闘機部隊は航空機の損耗率五〇パーセント、パイロットの死亡率二五パーセントにのぼる損害を毎月被った。加えて、航空燃料やその他の燃料の生産も壊滅的被害を受け、ドイツ軍は備蓄燃料を利用するしかなく、それもすぐに枯渇した。執拗な攻撃がドイツ空軍の戦力を削る一方で、米国の工場は優れた設計と組み立ての戦闘機と爆撃機を次々と生産し、訓練学校が優秀な航空機搭乗員を送り出した。

標的設定をめぐっては、連合国軍司令官たちのあいだでかなりの不和も生じた。一九四四年四月、ヨーロッパの連合国軍最高司令官を務めるアイゼンハワー陸軍大将は、ドイツ軍の補給線を攻撃することでDデイ［連合国軍のノルマンディー上陸］を支援するようハリス空軍大将に命じた。ハリスは控えめに言っても嫌々ながら攻撃を実行した。補給線に対する攻撃が――またそれどころかDデイそのものが――重点努力から気をそらすことになると信じていたからである。イギリス空軍爆撃機軍団は都市や町に対する夜間の猛攻撃を続け、戦争の末期には白昼にも行うようになった。ドイツ上空での作戦により、連合国の空軍は実質的な空の管制を手にするようになったが、ますます効力を増す高射砲部隊のせいで深刻な損害を被り続けた。実に、高射砲は連合国爆撃機が出した全損失の五〇パーセント近くの原因となったのである。一方、一九四四年四月、ドイツの戦闘機隊総監であるアドルフ・ガラントは、「わが軍［戦闘機隊］が崩壊する恐れもあります」と述べている。六月六日のDデイには、一万二〇〇〇機にのぼる米国とイギリスの航空機が参加した一方で、ドイツ側は三〇〇機以下の航空機しか展開することができなかった。ゲーリングとヒトラーの一連の稚拙な決断も助けにならなかった。たとえば、ヒトラーは新型のメッサーシュミットMe262ジェット機を戦闘機ではなく爆撃機として利用するよう命じた。このジェット機の性能は連合国が保有するどの航空機をも大幅に凌駕しており、もし賢く運用すれば、連合国の空の管制に重大な――決定的ではないにせよ――影響を及ぼすことができたかもしれない。一九四五年一月には、イギリスと米国の爆撃機は、ヨーロッパ上空を事実上まったく挑戦を受けることなく飛び回っていた。一九四四年には、それ以前の年を合わせた以上の爆弾がドイツに投下された。

ドイツ占領下の諸国も連合国の爆撃作戦から大きな被害を受け、今日では付随的損害と呼ばれるものをたくさん経験したことは忘れるべきではない。フランスの複数の大西洋港［大西洋に面する港］は、Uボートの基地を叩くよう命じられた爆撃機によって壊滅させられた。一方、Uボートの基地が重大な損害を被ることはなかった。それどころか、フランスでは、連合国の空爆により、第二次世界大戦中にドイツ空軍によりイギリスで発生した民間人の死者（六万人）とほぼ同数の死者（五万三〇〇〇人）が出た。イタリアの諸都市も被害を免れなかった。ローマでは七〇〇〇人、ボローニャでは三〇〇〇〇人近くが殺され、ほかの場所でも多数が命を落とした。

## 6　ヨーロッパの爆撃戦争――結果と論争

イギリス空軍の爆撃機搭乗員は、連合国の主要な軍隊のうちで死傷率が最も高かった。訓練を受けた一二万六〇〇〇人の人員のうち、五万五五七三人が死亡し、一万八〇〇〇人以上が負傷するか捕虜になった。米国の航空機搭乗員も同規模の損失を出した（第八空軍だけで二万六〇〇〇人、これに加えてヨーロッパに配備されたほかの米空軍部隊の三万人以上が死亡した）。爆撃機攻勢の道義性は複雑な問題であり、ここで詳細に物語る必要はない。その議論は、比例性、必要性という複雑な倫理的問題に加えて、時に今日の倫理基準を一九四〇年代の倫理基準に時代錯誤的に当てはめる問題を伴っている。ここでは、少なくとも三八万人のドイツ市民がしばしば残酷な状況で命を落としたと述べるだけにとどめておこう。

この容赦ない作戦がどの程度まで戦争努力に寄与したかは、それ以来ずっと激しい、また時に険悪な議論の対象となっている。［ヨーロッパ戦域に関する］「米戦略爆撃調査（ストラテジック・ボミング・サーヴェイ）」（ＵＳＳＢＳ）は、一九四五年末に完成した、爆撃の効果に関する実に広範にわたる報告であり、攻勢の結果はおしなべて成功であると結論づけ、とくにその石油生産への「破滅的」な影響を挙げていた。同報告書は、振り返ってみればエア・パワーは「いくつかの点で、違ったかたちで、またはよりうまく利用することができた」だろうという所見を述べた。

ドイツの産業全体について言えば、大半の主要兵器（アセット）の生産は一九四四年末まで拡大を続けたものの、爆撃機攻勢が行われなかった場合よりははるかに増産の速度が遅かった。一九四四年末までに、ドイツの軍事産業（驚くべきことに一九四三年まで戦時体制に移らなかった）と、それを支える電力・交通インフラが壊滅させられたことを疑う余地は一切ない。それでも、士気や社会が崩壊することはなかった。それどころか、政府との連帯および政府への依存がいずれも高まったのである。米戦略爆撃調査団のイギリス版、イギリス爆撃調査隊（ボミング・サーヴェイ・ユニット）は、第二次世界大戦後、「ドイツの町に対する攻勢がドイツ一般市民の士気を挫くことを企図していたとすれば、その限りでは明らかに失敗した」と報告した。

その一方で、ドイツ軍の大砲の優に三分の一、とくに対戦車兵器としてもきわめて有効だった恐るべき八八ミリ砲が、ドイツ空域の防衛に利用されることになった。ドイツの全弾薬の二〇パーセントが、ソ連、イギリス、米国の戦車や兵士ではなく、イギリスと米国の航空機に対して、ドイツ上空に向けて発射された。九〇万人が、前線で戦ったり工場で働いたりするのではなく、これらの対空砲を操作していた。おそらく最も重要なことに、一九四四年一〇月までに、ドイツの昼間戦闘機と夜間戦闘機の八〇パーセントが、東部戦線の制空を争うのではなく、「ドイツに来襲する」爆撃機に攻撃を仕掛けていた。その結果、ドイツ地上軍はますます大胆に活動するソ連のエア・パワーにほぼ単独で対処しなければならなかったのである。ドイツ本国上空で発生したドイツ戦闘機の損失は、損失全体の三分の二にものぼった。

## 7　海のエア・パワー

しかしながら、海上交通路の管制なしには、米国はその莫大な産業資源をヨーロッパにも、またイギリスが深く関与していた地中海にも投入できなかったであろう。このライフラインを確保するためには、ドイツ潜水艦の脅威を打破する必要があった。戦争が始まった最初の日から、ドイツのUボート（潜水艦を意味するドイツ語は*Unterseeboot*）がイギリスと連合国の商船を攻撃した。チャーチルが『第二次世界大戦』の最終巻で述べたように、「大西洋の戦いは、この大戦を通じて支配的な要素であった。陸、海、空を問わず、ほかの場所で起きていたすべてのことが、最終的にはその結果のいかんにかかっていたということを、われわれは片時も忘れることができなかった」。エア・パワーは、潜水艦の脅威を打破するうえで重要な役割を果たした。

ドイツがフランスを占領するまで、Uボートは北海を横断してブリテン諸島の近くを通らなければならず、イギリス海軍からの攻撃に直面した。これは大西洋におけるUボートの航続時間を制約することになる。しかしながら、フランスが陥落すると、ドイツがフランスの大西洋港を保有するおかげで、Uボートはさらに外洋まで進出することができ、またそこでより長期間にわたって遊弋（パトロール）し続けることができた。これら諸港への爆撃は、多数のフランス市民の殺害と都市の破壊に成功しただけであった。一九四二年半ばまで、航続距離の長いドイツの偵察爆撃機（エンジンを四基搭載するフォッケウルフ「コンドル」）の小部隊に助けられて、Uボートは〔連合国商船に〕大損害を与えた。毎月の被撃沈合計トン数は、破滅的で持続不可能な水準に達した。適切な諜報（ちょうほう）や、航空機によって一番効果的に提供される長距離偵察がなければ、Uボートを発見して撃沈するのは非常に困難な任務である。一九四三年五月には、三つの重要な要素が一つに結びついた。第一に、イギリス、カナダ、米国の海軍が護衛船団戦術を完成させた。第二に、ブレッチリー・パークでのイギリスの暗号解読（「ウルトラ」という暗号名で呼ばれた）は、Uボートの群れの大まかな位置を明らかにし、護衛船団をUボートの群れから逃れるよう転針させることが可能になった。また第三に、Uボートを破壊するための武装〔航空爆雷〕を搭載する長距離航空機が利用できるようになった。

爆撃機軍団、またとくにその司令官であるアーサー・ハリス――すべての四発爆撃機をドイツ本国に対する攻撃に投入することを望んでいた――との議論を重ねた後で、Uボート狩りを行う能力のある二種類の長距離航空機が護送船団の護衛任務に割り当てられた。これらのうち最も数が多かったのは、北アイルランドから発進するB-24「リベレーター」である。「リベレーター」とショート「サンダーランド」飛行艇はレーダーと爆雷を搭載しており、Uボートが護送船団に接近する前にその位置を特定して破壊することができた。最低限でも、航空機に視認されるとUボートは撃沈を避けるために深く潜行することを余儀なくされ、したがって標的との接触が断たれることになった。一九四三年になると、護送船団は護送任務のために特別に設計された小型空母、いわゆる護衛空母（エスコート・キャリアー）による独自のエア・パワーに期待することもできた。護衛空母を伴う護送船団に対する攻撃は成功したためしがなかった。また、米海軍は、米領海を出入りする護送船団を護衛するため、北米大陸の海岸に沿って、動力付きの飛行船（「ブリンプ」と呼ばれた）の部隊をうまく運用することができた。

こうしてライフラインは確保された。大西洋の戦いが終結した時には、航空機は大西洋で失われたドイツ潜水艦の約半分を撃沈しており、残りの半分はイギリス海軍とカナダ、米国の対潜艦によって撃沈されていた。

これらの措置のおかげで、補給物資がイギリスに供給されただけでなく、地中海の戦場に直接供給された。一九四〇年には、地中海における最大の脅威は、強力なイタリア海軍の脅威であった。まるで伝統的な熱情（エラン）が失われてなどいないことを証明するかの如く、イギリス海軍の艦隊航空隊は一九四〇年一一月一一日、タラントにあるイタリア海軍の主要基地に対して、空母「イラストリアス」（HMS *Illustrious*）から驚くほど大胆な空襲を仕掛けた。旧式のフェアリー「ソードフィッシュ」複葉雷撃機がイタリアの強力な戦艦三隻を撃沈ないし行動不能にすることに成功し、地中海の海軍バランスをイギリス側に決定的に有利になるように傾けた。この空襲は、そのほんの一年後、真珠湾でのいっそう重大な交戦を導く刺激となった。真珠湾攻撃に続く太平洋での海洋作戦と航空作戦は、実に途方もない規模で実施された。次章では太平洋での海と空の作戦に目を向けよう。

# 第5章　第二次世界大戦——太平洋の航空戦争

## 1　真珠湾攻撃からミッドウェイ海戦まで

一九四一年一二月七日［日本時間では八日］、イギリス海軍が実行したタラント空襲の研究を含む、日本海軍の広範に及ぶ準備がついに結実した。ないし、そのように思われた。高度な訓練を積んだ海軍航空機搭乗員のエリート部隊が操縦する四〇〇機団が、六隻の空母から発進したのである。これは完全な奇襲となり、真珠湾基地に停泊していた五隻の米戦艦［座礁した「ネヴァダ」を含む］を撃沈し、そのほかにも数隻を撃沈ないし大破させた。戦争のこの段階では、複数の空母からの攻撃を調整するという困難で複雑な任務を遂行することができるのは日本だけであった。日本にとって不幸だったのは、主要標的である三隻の艦隊空母（「レキシントン」「サラトガ」「エンタープライズ」）

は海上で演習中だったことである。

真珠湾攻撃の報復として、米軍は大胆な反撃を実行した。一九四二年四月一八日、〝ジミー〟・ドゥーリトル中佐が率いる一六機のB‐25「ミッチェル」双発爆撃機が、日本の東沖六五〇海里〔約一二〇〇キロ〕に位置する空母「ホーネット」から発進した。爆撃機は低高度を飛んで複数の都市に到達し、爆弾を投下して、中国まで飛び（一機はソ連に着陸した）、搭乗員の大半（八〇人のうち六九人）が捕虜になることなく生き延びた。飛行しなければならない距離が長く、爆撃機が母艦に帰還するのは不可能であった。実際のところ、B‐25のような比較的大型の飛行機を空母に回収するのは、いずれにせよ不可能だったであろう。この空襲が送ったメッセージは明確で、議論の余地がなかった。「日本列島は安全ではない」というメッセージである。ドゥーリトル空襲は日本軍の司令官たちにとって非常に衝撃的であり、また米国人にとっては大成功のプロパガンダであった。

一九四二年初頭には、日本は一連の勝利で西・南太平洋に広大な領土を獲得した。マレー半島が侵略され、二隻のイギリス主力艦が航空機によって海上で撃沈された。またその後、同年二月にはシンガポールの大要塞までもが攻略された。これはおそらくイギリス軍事史上で最大の敗北である。イギリス帝国植民地のビルマ〔現ミャンマー〕は一九四二年五月に占領され、その脅威はインドにまで及んだ。日本軍は米領フィリピン諸島を奪取し、ニューギニア島に侵攻した。一時はオーストラリアそのものが侵略の危険に晒されているように思われ、また実際に一九四二年二月にはダーウィン市が爆撃を受けた。だが、米軍は素早く態勢を立て直した。珊瑚（さんご）海海戦（一九四二年五月）では、米海軍の飛行機が米空母一隻の損失と引き換えに一隻の日本空母を撃沈し、別の一隻を大破させた。攻撃は完全に空から行われたため、これは双方の艦隊が互いを目視せず戦った史上初の海戦であった。

初の空母艦隊同士の全面対決となったミッドウェイ海戦（一九四二年六月）は、日本にとって大惨事になった。日本側の意図はミッドウェイ島を奪取して、日本の防衛線を拡大することで、これはドゥーリトル空襲の後では魅力的に思われた。この海戦で日本側の優れた艦隊空母四隻が撃沈されたのに対して、米国側は「ヨークタウン」を失っただけであった。日本はかくも多数の艦艇の損失に耐えられなかったが、それと同じぐらい重要だったのは多くの熟練した歴戦の航空機搭乗員の損失である。日本の対米戦略は短期戦の想定に基づいており、米国を米大陸本土から動けなくすることが前提であった。この戦略はミッドウェイ海戦で崩壊した。

日本には航空機搭乗員を訓練する適切なシステムがなく、また新型飛行機の開発にも失敗した。このこと自体、見通しが甘かった。ましてや米国の膨大な工業力と開発力を考えればなおさらである。真珠湾攻撃を発案した山本五十六提督は、一九〇五年の日本海海戦に少尉候補生として参加したことのある聡明（そうめい）で経験豊富な司令官であった。また米国に一時期滞在したことがあり、その潜在工業力がもたらす危険を十分に理解し、恐れていた。真珠湾攻撃ののち、彼は「敵の寝首をかいたところで、武士の自慢にはならない」と述べ、「堂々たる海上決戦か、本土空襲か、艦隊主力への強襲かは分からないが、切歯憤激する敵は今にも決然たる反撃に転じるだろう」と予言した。結果的に、日本は損失を埋め合わせることができず、ヨーロッパでドイツ空軍を壊滅させたのと同じ消耗の法則に晒されることになった。

山本は一九四三年四月、米国のP‐38「ライトニング」遠距離戦闘機に搭乗機を撃墜され戦死した。暗号解読者たちは山本提督がソロモン諸島へ視察旅行に向かうタイミングと飛行経路を特定し、米国の戦闘機は山本がブーゲンヴィル島上空に到着する直前に攻撃を仕掛けた。この「ヴェンジェンス」作戦［日本では海軍甲事件と呼称］は、戦略的効果を達成するためにエア・パワーを使用した典型的な例であった。

## 2 「飛び石（アイランド・ホッピング）」戦略

米国は一九四二年末までに反転攻勢の準備を整え、二叉の「飛び石」戦略を採用する。米国の作戦計画者たちの核心的発想は、日本軍が防備を固める基地を迂回して、［比較的容易に］奪取して利用できる島々に戦力を集中させることであった。マッカーサー陸軍大将が指揮する戦略ルートの目標は、フィリピン諸島の奪還と、東南アジアおよび日本本土へ向かう進撃であった（図6の地図に「A」ルートとして示す）。この進撃の口火を切ったのは、ニューギニア島とソロモン諸島を取り戻すための苦闘で、主に戦闘を担ったのは米国とオーストラリアの地上軍であった。

ニミッツ海軍大将が率いるもう一つの戦略ルート（図6の「B」ルート）は、日本に対する航空攻撃および最終的な本土侵攻のための活動拠点として、中央太平洋に基地を確立することを目指していた。このためには、マーシャル諸島、ギルバート諸島、マリアナ諸島の重要な島々を攻略することが必要である。すべての作戦の成否は、連合国空軍による空の管制の奪取と保持にかかっていた。

連合国軍は一九四二年一一月にガダルカナル島を攻略した。これは激戦となった数多くの島々に対する強襲上陸の嚆矢であり、これらの島々では往々にして日本軍がほぼ最後の一人にいたるまで粘り強い防衛戦を展開した。日本海軍は依然として強力であり、一連の複雑な作戦において激しく抵抗したために、初期の前進は緩慢であった。これら初期の強襲上陸では厳しい教訓を学ぶことになった。しかしながら、この頃には米国の産業がフル稼働しており、その膨大な生産力が本領を発揮していた。終戦時には、米国は九八隻もの空母を保有しており、このなかには優れたエセックス級大型艦隊空母が二四隻含まれている。日本には航空機を発進させることができる空母が一隻も残されていなかった。

一九四四年一〇月、日本は「カミカゼ」(「神風」を意味する)と呼ばれる自殺攻撃に頼った。カミカゼとは、一三世紀のモンゴルの日本侵攻[元寇]を阻止した台風に由来する呼称である。言うまでもなく、カミカゼ・パイロットの訓練はやや限定されており、戦闘機や、効果的な艦載砲の砲火の餌食になった。カミカゼ(ないし特攻——「特別攻撃」とも日本軍は呼称した)のうち、何かしらの標的に命中したのは一一パーセントにすぎない。月日がたつにつれて、米国の海軍と海兵隊、空軍はますます戦力を増し、より高性能な装備を手にし、優れた訓練を受けるようになった。

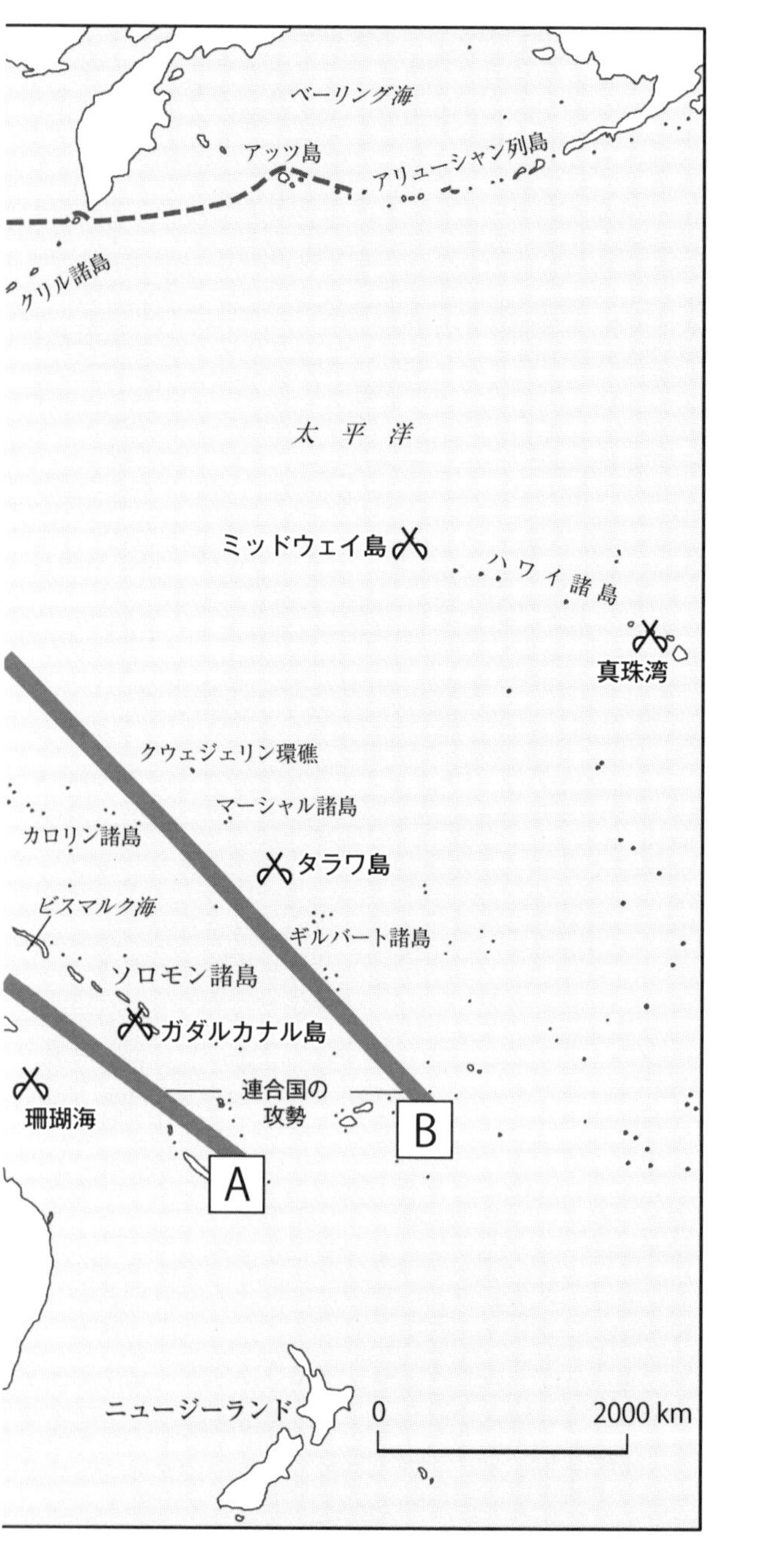
ベーリング海
アッツ島
アリューシャン列島
クリル諸島
太平洋
ミッドウェイ島
ハワイ諸島
真珠湾
クウェジェリン環礁
マーシャル諸島
カロリン諸島
タラワ島
ビスマルク海
ギルバート諸島
ソロモン諸島
ガダルカナル島
珊瑚海
連合国の
攻勢
A
B
ニュージーランド
0
2000 km

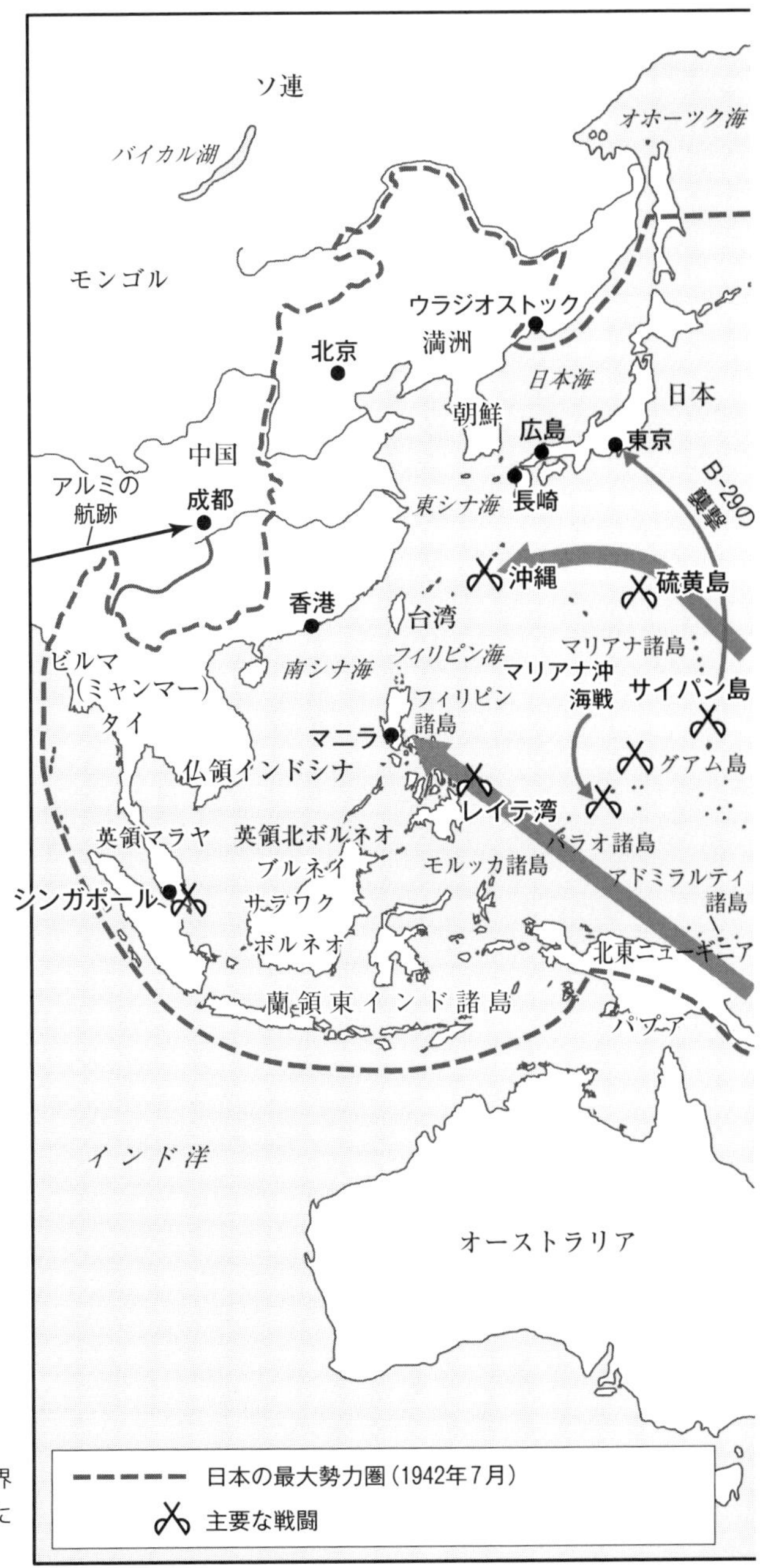


図6
太平洋での第二次世界大戦は、広大な領域に及んだ

一九四四年六月のマリアナ沖海戦［米国側ではフィリピン海海戦と呼称］では、日本側の空母九隻に対して、米海軍の第五艦隊は一五隻もの空母を展開し、日本側の三隻を撃沈した。それ以上に重要だったのは、二日間にわたる戦闘で日本は四五〇機以上の飛行機を失った一方で、米国の損失はその三分の一程度にとどまったことである。「マリアナの七面鳥撃ち」として有名なこの海戦で、かつて傑出していた日本海軍の艦隊航空隊は有効な戦闘部隊としては終焉を迎えることになる。一九四五年二月までに、米海軍と海兵隊はマリアナ諸島に沿って侵攻し、日本列島を爆撃機の戦闘行動半径内に収めるところまで到達した。いずれも日本から一五〇〇マイル［約二四〇〇キロ］の距離（米国の新型B－29爆撃機の戦闘行動半径）にある、サイパン島とグアム島、テニアン島が占領された。数週間のうちに、米海軍の「シービーズ」（建設大隊（コンストラクション・バタリオン）、「CBs」とも）が各島に航空基地を建設した。

一九四五年四月には米軍が沖縄に上陸し、重要な飛行場を占領した。沖縄は日本本土では最初に占領され、日米双方が非常に多くの死傷者を出した。作戦立案者たちは、いまや日本侵攻計画である「ダウンフォール」作戦の検討を進めた。この時までに、日本の諸都市に大破壊をもたらす空襲が始まっていた。

## 3　極東の戦略爆撃

米国は、巨大なボーイングB－29爆撃機が発注された一九四一年から、日本に対する長距離爆撃の選択肢を発展させていた。この航空機は、従来のどの航空機とくらべても一世代先を進んでいた。加圧された乗員区画と遠隔操作される銃座を備え、ほとんどの戦闘機よりも高速で、満載時の戦闘行動半径は一五〇〇マイル［約二四〇〇キロ］である。第二次世界大戦中の単一の通常兵器調達プロジェクトとしては最も高額であった。

一九四五年初頭までに、米海軍の潜水艦と米陸軍航空軍の機雷敷設機は、日本を海外の部隊と物資供給から実効的に封鎖した（「飢餓（スターヴェイション）」作戦）。日本沿岸沖の空母群から航空機が発進して、軍の基地や産業目標をほとんど意のままに破壊した。もし海軍機が大挙して日本列島を攻撃することができるとすれば、B－29に与えられた役割は何だったのであろうか？　その後の事態の展開が示すように、一般市民の戦意を挫くというアイディアがある種の極致に達したのは、この時であった。

ドゥーリトル空襲以来初の日本空襲は、一九四四年の連合国によるビルマ北部の奪還に乗じて行われた。第二〇爆撃機軍団と呼ばれるB－29部隊が拠点とする中国の成都に向けて、インドとビルマの基地からヒマラヤ山脈（「ハンプ」と呼ばれる）を越えて燃料と装備を運ぶために、兵站（へいたん）上の多大な努力が払われた。この中国・ビルマ・インド作戦域において、大量の物資輸送を可能にする航空機動力の技法の多くが発展した。この航路は多数の墜落ゆえに「アルミの航跡（トレイル）」と呼ばれたが、のちにウィリアム・タナー准将がこの取り組みにより高い効率性をもたらした。僻地（へきち）に墜落した航空機搭乗員を回収するために、捜索救助隊が派遣された。この救助隊が先駆的に用いた戦術と技法は、今日の航空捜索救助に直接影響を及ぼしている。「ハンプ」を越えて物資を供給する取り組みは、一九四八年のベルリン大空輸――やはりウィリアム・タナーが大きな役割を果たした――以前では最大となる、航空機動力の偉業であった。

一九四四年末および一九四五年初頭に行われた、第二〇爆撃機軍団による中国を拠点とする対日空襲は戦闘行動半径の限界で活動しており、長期的な損害はほとんどなかった。この時までに、やや日本に近く、ずっと補給しやすい基地の建設が進んでいた。占領したばかりの北マリアナ諸島のテニアン島とサイパン島に新たに建設された基地を拠点として、第二一爆撃機軍団が編成されつつあったのである。第二一爆撃機軍団は、当初、米陸軍航空隊戦術学校の卒業生であるヘイウッド・ハンセル准将が司令官を務めた。ハンセルは一九三〇年代に米国の爆撃理論の洗練に功（こう）のあった人物である。日本に対する空襲は一九四四年一一月に始まったが、その結果は期待外れであった。高高度精密爆撃は日本上空ではうまくいかなかった。雲量の多さと途切れることのないジェット気流のために、標的付近に落ちた爆弾はごくわずかであった。ハンセルは米陸軍航空軍総監の〝ハップ〟・アーノルド元帥によって解任され、代わってカーティス・ルメイが就任した。ルメイはハンセルとは異なる戦術を発展させた。高高度爆撃では通常、雲の上から投下することになるが、ルメイはこの代わりに搭乗員に対して五〇〇〇～九〇〇〇フィート〔約一五〇〇～二七〇〇メートル〕の高度での飛行を命じ、搭乗員が標的を目視できるようにしたのである。米国の研究は、日本の諸都市が主に木造建築でできており、よく燃えるだろうということを示していた。したがって、高性能爆弾を使用する代わりに、ルメイは指揮下の航空機に焼夷爆弾を主兵装にするよう命じた。

ルメイの仮説は程なくして実証された。一九四五年三月一〇～一一日の夜、「ミーティングハウス」作戦で三二五機のB－29が東京上空に襲来し、東京の一六平方マイル〔約四一平方キロ〕ほどの地域〔いわゆる下町一帯〕を破壊し、一〇万人を殺害したのである。原爆による攻撃を除けば、これは歴史上で最も多くの死者を出した空襲であった。その後の五ヵ月間に、日本の六七の都市が同様の空襲を受けた。一九四五年八月までに、三〇〇万人以上が死亡し――おそらく死者数はこれよりずっと多い――その大半は民間人であった。一九四五年半ばには、連合国軍（大部分は米軍であるが、相当規模のイギリス軍も含まれる）は日本侵攻の準備を進めていた。

## 4　原爆による空襲

さらに原爆による空襲も行われた。原爆を投下したのは第二〇空軍に所属する第五〇九混成群の一二機のB－29である。ポール・ティベッツ大佐が操縦する「エノラ・ゲイ」は、一九四五年八月六日に「リトルボーイ」を広島に投下した（図7）。同ミッションでの随伴機のパイロットであるチヤールズ・〝チャック〟・スウィーニー少佐は、八月九日に長崎に向けて「ボックスカー」を操縦し、「ファットマン」を投下した。二度の原爆投下による死傷者数は正確には分からないが、どちらの場合にも即座に少なくとも五万人、おそらくはこれよりさらに多くの人々が死亡し、それに加えて数万人が回復不能の障害を負った。日本は程なくして降伏した。終戦詔書の昭和天皇の言葉にあるように、「戦局必ずしも好転せず」だったからである。一九四五年九月末までにさらに三〜四個の原爆が完成したであろうし、日本が降伏するまで投下し続けることが意図されていた。

原爆攻撃の真の動機が何であったか、また実際のところ、原爆投下がどの程度まで日本の降伏の原因になったのかという疑問は互いに密接に関連しており、これは戦争史上で最大の論争の一つとなっている。一部の者は、原爆投下の背景にある真の目的は、日本を降伏させることではなかったと論じている。当時ヨーロッパだけでなく中国でも軍事力を振るいつつあるソ連に対して、米国には原爆攻撃の能力があり、原爆を使用できるしその意思もあると示すことだったというのである。彼らは、日本の降伏は付随的な成果だった、また米国の指導者たちは日本がすでに崩壊寸前であって敗北を受け入れつつあったことを十分に察知していたと主張する。一方で、こうした主張の論拠は主として状況証拠にすぎないと指摘する者もいる。彼らに言わせれば、日本の指導者たちは日本本土を侵攻から防衛する意思を固め、降伏するつもりはないと宣言していたことが明らかなのである。

本書では、通常爆弾や原爆によって日本の諸都市を破壊したことの道義性について詳細に論じるつもりはない。ドイツとは異なり、防空への資源流用や、日本の産業の破壊が戦争を勝利に導く効果に関する議論は成り立たない。前者の防空への資源流用は問題ではなかった。なぜなら、日本はほかの前線から資源を奪う有効な統合防空システムを持たなかったし、その開発に失敗していたからである。後者の有用な産業・軍事インフラの破壊については、空母群を拠点に活動する海軍の戦闘爆撃機による、派手な宣伝よりも精密性を追求する爆撃によってある程度まで達成された。同様に、すでに言及したとおり、日本は事実上、海外の部隊のための潜在的供給源としては封鎖されていたのであり、したがって日本のインフラの壊滅は主に市民に影響を及ぼすことが明らかであった。連合国、とくに米国は「ダウンフォール」作戦（日本侵攻計画の暗号名）の準備の最終段階にあった。日本が降伏しなかったならば、一九四五年一一月に「ダウンフォール」作戦が開始されたであろう。［同作戦が実施された場合、］米国と連合国の軍人の死傷者数は推計で五〇～一〇〇

図7　世界初の核攻撃

万人と見積もられ、日本側の死傷者はこれよりずっと大きくなると見込まれていた。

米国の立場は、西太平洋で戦う第五空軍向けの一九四五年七月の諜報概要週報に要約されていた。同週報によれば、「日本の全人口は正当な軍事目標である。日本には民間人はいない。われわれは戦争をしている。米兵の命を守り、戦争という苦しみを早く終わらせ、恒久的な平和をもたらすことを目指すべく、総力を挙げて戦争をしているのである」。日本への空襲を指揮したルメイ自身、彼らしい簡潔な言葉で以下のように説明する。「ただ虐殺するためだけに民間人を虐殺することに意味はない。……全人口が飛行機や軍需品の製造に参加し、働いた……男も、女も、子供も。われわれは町を焼き払えば多くの女子供を殺すことになると知っていた」。第一にこの作戦が目標を達成したのかどうか、また第二にその道義性について、読者は独自の結論に至るであろう。文献や新聞等では議論が続いている。

## 5　第二次世界大戦におけるエア・パワー――一つの結論

降伏を強いるための戦略爆撃は、ドイツに対する合同作戦では失敗した。現在では、原爆による空爆が日本の降伏を引き起こしたというよりも、降伏に寄与したという可能性が高いように思われる。

ドゥーエが主張したとおり、制空は必要不可欠であった。しかしながら、エア・パワー単独では勝利をもたらすことができなかった。とはいえ、現実に根ざす統合戦略の一要素として用いられる時は、エア・パワーはやはり重要であった。護衛を伴わない精密爆撃というアイディアに加えて、「爆撃機は常に侵入する」という考えには根拠がないということが判明したが、都市を壊滅させることよりも、正しい標的の選択がきわめて有効かもしれないという点に限れば、ミッチェルとその信奉者たちは正しかったことが証明された。ドイツ空軍を空で壊滅させ、地上では燃料と補給物資を遮断することで空の管制の獲得に集中するとともに、大西洋の戦いに資源を投入するという、一九四三年一月のカサブランカ会議での決定は、西部戦線での侵攻を成功させる鍵であった。

空の管制のおかげで、激しい攻撃の圧力のもと、組織化の不十分なドイツの産業・軍事システムに対して不吉な消耗の計算〔兵器をより多く生産できる側が勝利する〕が作用することができた。西側連合国の産業戦略はよく練られ、また実に商業的に採算がとれており、物量面での圧倒的な優位を確かなものにした一方で、優れた訓練が空中および地上における質的優位を裏付けた。ドイツ本国を防衛するという実践的、政治的な要請は、東部戦線から戦闘機を引き剝がし、さらにソ連が空の管制を獲得・活用して最終的にドイツ陸軍を撃破する道を開いた。

一九四〇年以降、イギリスの産業は、たとえ攻撃の影響を受けなかったわけではないにせよ、十分に防衛されていた。大西洋の戦いにおける海軍と空軍の見事な連携を通じて確保された成果により、一九四三年までには米国からの海路による物資や増援の供給が保証された。太平洋では、きわめて強力な海軍航空部隊が主導する米国の戦略が、日本を徹底的に打ち負かした。米国の産業力の現実を活かすだけでなく、非常に優れた作戦と戦術の技量（スキルセット）を発展させたためである。日本が長期戦を予期しておらず、また適切な支援・訓練ネットワークを構築しなかったことも、米国の努力を後押ししただけであった。有効な統合防空システムがまったく存在しなかったこと、またその構築を試みなかったことも米国に有利に作用した。戦争最後の月である一九四五年八月には、米国の工場は一万一〇〇〇機の航空機を生産したが、これは日本がそれ以前の二年間に失った機数に等しかった。

ほとんどすべての戦域で、連合国軍は素早い学習と適応を通じて、ますます増大する物量の優位を利用した。これは地上軍に対する支援の分野でとくに明らかであった。優れたリーダーシップにより、地上部隊と航空部隊の両方の重要性、すべてにまさる空の管制の重要性に関する相互の確固たる認識、またお互いが抱える制約に関する理解が育（はぐく）まれた。それが今度は現実に即した統合ドクトリンを生み出し、その本質は今日でも依然として有効である。

# 第6章　冷戦――一九四五～八二年

一九四五年八月、第二次世界大戦とは異なる二つの敵対陣営のあいだで、新たなる紛争が始まった。米国を筆頭とする総じて自由主義的、資本主義的な西側と、ソ連を筆頭とする共産圏との対立である。一九四六年三月五日、米ミズーリ州フルトンで演説するウィンストン・チャーチルは、共産主義諸国を米国の庇護下にある諸国（最も重要なことに、未来のNATO加盟国）から隔てる、ヨーロッパを横切る「鉄のカーテン」に言及した。このカーテンは一九八九年まで存在し続けることになる。

## 1　発展するエア・パワー

冷戦中に、米国とソ連は航空機の大部隊を築き上げた。米国とソ連の輸出用航空機がそれぞれの同盟国を武装させ、高水準の標準化と最新設計の確かな需要を生み出した。米ソ以外で国産のハイエンド軍用機の大規模な開発計画を維持していたのはイギリスとフランスだけであった。

## 攻撃

米国は、米陸軍航空軍を中心にエア・パワーを築き上げた。陸軍航空軍は実質的に自律的な部隊であったが、切望されていた陸軍からの独立を一九四七年に獲得し、米空軍(エア・フォース)に改称された。一九五〇年代と六〇年代の大半の時期には、戦略航空軍団(ストラテジック・エア・コマンド)が米空軍のなかで優位を占めていた。これは米国の核抑止を実現するために創設された部隊である。カーティス・ルメイを司令官とする同軍団の航空機は、ソ連領空との境界地域を常時パトロールし、ソ連領空に侵入して攻撃する指令を待っていた。この頃には、双方の爆撃機、たとえば大型のボーイングB－52やソ連のツポレフTu－95「ベア」は、数千マイル［約一万五〇〇〇キロ］の航続距離を誇るようになっている。これら二つの機体はいまだに現役であり、今後数十年も現役のままであろう。米国の戦略航空軍団に対応するソ連の部隊は長距離航空軍(ロング・レンジ・エア・フォース)であるが、主に兵站(へいたん)上の制約のため、同部隊の航空機が常時パトロールすることはほとんどなかった。核兵器のミサイル化が進み、その関連でゲーム理論が発展する一方、超大国による通常戦に向けた準備は止(とど)まることがなかった。

NATOと、その敵対者でありソ連に支配されるワルシャワ条約機構は、重武装の即応体制をとりながら中央ヨーロッパの平野で対峙(たいじ)していた。両者ともに、航空機による阻止攻撃をそれぞれの作戦計画の中心に位置づけた。このためには、強力な地上配備型兵器の防空網を低空ですり抜けて、敵を増援や補給から遮断することのできる打撃（ストライク）／攻撃（アタック）機が必要であった。こうして登場したのが、イギリス、ドイツ、イタリアが共同開発したパナヴィア「トーネード」などの阻止攻撃に特化した爆撃機である。近接航空支援、とくに対戦車任務における支援も、空軍の重要な役割であると考えられた。こうした支援は前線に近ければ近いほどよく、イギリスは前線のすぐ後方から飛び立ち、ヘリコプターのように離着陸できるが、低空を高速で飛ぶことのできる攻撃機「ハリアー」を開発した。きわめて高価な兵器を多数保有していたけれども、もしソ連軍が攻撃してくるなら、その進撃を阻止するために遅かれ早かれ核兵器が使用されるという想定がほぼ公然と語られていた。こうした核兵器は、当時の専門用語では「戦術」核兵器と呼ばれている。紛争に通常兵器で勝利する試みに多少なりとも熟慮が重ねられるようになるのは一九八〇年代になってからで、それまでは戦場を完全に破壊することで、いわば「窮地を脱する」ことが想定されていたのである。

## 空の管制

当時対峙していた二つの超大国とその同盟国や従属国は、ジェット戦闘機の大機団を増強し、維持した。両陣営の航空機はレーダー誘導式および熱追尾式のミサイルを装備しており、これらのミサイルはますます射程が延伸し、精度も向上していた。戦闘機技術の進歩は、超大国間競争の猛烈な勢いによって促進されており、当然ながら時にスパイ活動や技術の盗用も一助となった。たとえば、英ロールス・ロイス社製の先進的な「ニーン」ジェット・エンジンは、「軍事目的には利用しない」という条件付きで一九四七年にソ連に多数売却された。同エンジンの設計は、傑作機MiG-15ジェット戦闘機の動力源に盗用され、朝鮮戦争中に米航空機搭乗員に甚大な人的被害をもたらし、驚愕(きょうがく)させた。盗用された設計について言えば、第二次世界大戦後に登場したソ連初の本格的「戦略」爆撃機、ツポレフTu-4は、米国のボーイングB-29「スーパーフォートレス」のコピーそのものであった。B-29の一部は、一九四五年の日本空襲で損傷して、やむを得ずソ連に着陸した際に「抑留(インターン)」されたのである。

一九四〇年代から八〇年代まで、戦闘機は絶えず進化を続けた。米国のF-86「セイバー」、イギリスのホーカー「ハンター」、またソ連のMiG-15などの単用途(シングル・ロール)ジェット機はますます高速化した。これらはいずれもいわゆる「第一世代」ジェット戦闘機で、高高度を飛行する爆撃機を破壊するために作られた超音速迎撃機である「第二世代」ジェット戦闘機に取って代わられた。米国のF-104「スターファイター」、ソ連のMiG-21、フランスの「ミラージュⅢ」などである。一方、とくに中東やヴェトナムでの戦闘経験は、第二次世界大戦中の戦闘爆撃機のように、対地攻撃任務を実行したり［ほかの戦闘機から］身を守ったりすることができる「多用途(マルチ・ロール)」航空機の有用性を証明した。こうした「第三世代」ジェット戦闘機、たとえばマクドネル・ダグラスF-15やロッキードF-16などは、改修したうえで現在でも前線の戦闘任務で広範に利用されている。それどころか、F-15はあらゆる戦闘機のなかで最も成功した機体であると主張することができるかもしれない。米空軍とイスラエル空軍でこの優れた航空機を操縦するパイロットたちは、［空対空戦闘で合計］一〇〇機以上を撃墜しているが、撃墜されたことは一度もない。冷戦中には、レーダー誘導式地対空ミサイルなどの地上配備型防空システムにも大いに依存していた。これらのミサイルは帯状に配備され、NATOとワルシャワ条約機構の加盟国の領土を防衛した。

## 偵察

あらゆる主要国の空軍、そのなかでもとくにU-2高高度偵察機を保有する米空軍は、冷戦中に広範な戦略偵察に従事していた。二機のU-2が撃墜されたが、そのうちゲイリー・パワーズが操縦する一機は一九六〇年にソ連上空で撃墜され（パワーズは捕らえられ、のちに捕虜交換で解放された）、またもう一機は緊迫する「ミサイル危機」のさなか、一九六二年一〇月二七日にキューバ上空で撃墜されている。偵察機にとって、戦闘機やミサイルの攻撃を受けないことはきわめて重要であった。米国のSR-71「ブラックバード」が就役したのはこのためであり、これは公開情報から知りうるかぎりではいまでも世界最速のジェット機である。SR-71の基になった、非常に類似する機体（A-12）には、「オックスカート」［牛車］という反語的な暗号名が与えられた。レーダーを偏向させる構造とレーダー吸収材を用いるSR-71およびその先駆けとなったA-12は、ステルス性を高めるように特別に設計された最初の飛行機であった。

一九六〇年代に宇宙探査がより身近なものになると、人工衛星がこの偵察任務を担うようになった。ただし、今日でも偵察機は大半の空軍にとって依然として重要な要素である。往々にして軌道がよく知られている人工衛星とは異なり、偵察機の出現は予測できないからである。

チャーチルの言う「鉄のカーテン」がベルリンほどあからさまに出現した場所はない。冷戦中で初めてとなる大規模な衝突が発生したのは、このベルリンにおいてであった。実質的には一発も発砲されることなく、またほぼ完全にエア・パワーの利用によって、この衝突は決着することになる。一九四五年のヤルタ合意により、ベルリンはソ連占領区域の奥深くに位置することになり、同市自体もソ連、米国、イギリス、フランスがそれぞれ占領する四つの地区に分割されることになっていた。一九四八年六月、ドイツの新通貨ドイツマルクが発表されたのち、ヨシフ・スターリンの命令により、西側占領区域と同市を結ぶ陸路ないし「［陸の］回廊」が封鎖された。連合国をベルリンから撤退させ、ソ連の支配を確立する試みである。

## 戦略的航空機動力の成熟

封鎖初日、米占領地区の軍政長官を務めるルーシャス・クレイは、部下の在欧米空軍司令官カーティス・ルメイ少将に対して西ドイツからベルリンへの空輸を開始するよう命じた。空輸が始まると、トルーマン大統領はベルリンからの撤退を求める助言者に対して「われわれは撤退しない」と述べて、もっと多くの飛行機を空輸に投入するよう命じた。こうしてベルリン大空輸が始まったのである。一九四三年末から第二次世界大戦の終結まで、ベルリンは米国、イギリス、また西側同盟国の何千機という航空機による、猛烈な破壊をもたらす爆撃に絶えず晒されていた。一九四八年には、まさにこれらの爆撃機の搭乗員の多くが、再び「ビッグシティ」［第二次世界大戦中の爆撃機搭乗員はベルリンをこう呼んだ］まで何千回ものミッションを飛ぶことになった。この時には、彼らが運ぶのは爆弾ではなく、食料、燃料、衣服、そのほか包囲される巨大都市を維持するために必要なあらゆる物資であった。空輸を監督したのはウィリアム・H・タナー少将、一九四四〜四五年にインドから中国まで「ハンプ」を越える空輸の再編、実施に成功した人物である。ベルリンへの空路は開放されたままであった。連合国の航空機は毎日、冬のベルリンを暖める石炭を含む五〇〇〇トン以上の物資をベルリンに運んだ。一九四九年五月には陸路の封鎖が解除されるが、この時までに二三〇万トンの物資が空輸された。西ベルリンは民主主義勢力のもとにとどまった。大規模に展開された航空機動力は、冷戦初の戦略的勝利を勝ち取ったのである。

ベルリン大空輸は、C-130「ハーキュリーズ」など専用の軍用輸送機を開発する刺激となった。また、今日では民間機であるか軍用機であるかを問わずあらゆる飛行機が利用する、航空交通管制回廊などの措置が導入される先触れでもあった。より戦略的に重要だったのは、エア・パワーが一発も発砲することなく重大な政治的影響を持ち得るということを、ベルリン大空輸が改めて実証したことである。冷戦を通じて、戦略的空輸の力(パワー)と可能性が朝鮮半島、中東、ヴェトナムで繰り返し示された。

## 2 新しい技術

突き詰めると、冷戦期の軍用機は第二次世界大戦中の軍用機とまったく同じ役割を担っており、技術が変化しただけであった。エア・パワーの真の革新もいくつかあった。そのうち二つがすぐに脳裏に浮かぶ。一つは有効な空中給油であり、もう一つはヘリコプターである。空の管制や偵察と同様に、空中給油は第一級の空軍が保有する兵器のなかで最も重要な成功要因（イネイブラー）［作戦の成功を可能にする手段］となった。機内燃料だけでは手の届かない標的や目的地に航空機が到達することを可能にしたのである。航空機間の給油実験は早くも第一次世界大戦中に行われていたが、複数の航空機に給油するのに十分な量の燃料を運べるほど高出力のエンジンを搭載する機体が開発されるまでは、実用的とは考えられていなかった。

第二の革新であるヘリコプターは、とくに地上の指揮官に、新しい航空形態（防衛が困難な広大な飛行場を必要としない垂直離陸）を利用する機会をもたらした。第二次世界大戦末期には初期のモデルが設計され、実際に飛行したが、その潜在能力を証明したのは東南アジアと北アフリカでの悲劇的な紛争であった。一九六〇年代後半には大型ヘリコプターが大砲を輸送することができた。主要国は、兵士の輸送や医療後送、また地上軍を支援する対地攻撃のために、いまや数百機の小型輸送ヘリを保有するようになった。海でもヘリコプターの利用が大いに発展した。すべての主要艦は少なくとも一機、時に二機以上のヘリコプターを搭載しており、これらのヘリコプターは魚雷やその他の対潜・対艦ミサイルで武装していた。

冷戦のライバルや双方の同盟国にとって、お互いの軍事能力に匹敵し、超越することが絶対に必要であり、そのために防衛産業やとくに航空宇宙産業には巨額の資金提供や投資が確保された。

「鉄のカーテン」の両側で、絶えず続く競争は大きな進歩を生み出し、その成果がエア・パワーを新時代へと導いた。

　ベルリンの壁が崩壊する前の一〇年間には、電子妨害（ＥＣＭ）における大きな進歩があった。あとで見ていくように、中東の戦争では、きわめて強力な地対空ミサイル・システム、さらにますます有効性を増す空対空ミサイルに対して、実効的なＥＣＭの必要性が非常に高まっていることが証明されたのである。ヴェトナム戦争では、ＥＣＭは北ヴェトナムの防空網に対して広範に使用された。たとえば、米空軍の「ワイルド・ウィーゼル」機は敵防空網制圧任務を担い、防空レーダーの妨害と破壊を試みて空を飛び回り、実際にかなり成功した。

　一九七〇年代から八〇年代にかけて、統合防空システム――第二次世界大戦で非常に効果的であった――の概念が拡張された。空中早期警戒機（ＡＥＷ機）は冷戦中のもう一つの革新である。レーダーは高高度を飛行する航空機に搭載されるとはるかに大きな走査距離を持つ。ボーイング707旅客機をもとに開発されたＥ－３Ｄ空中警戒管制機（ＡＷＡＣＳ機）などのＡＥＷ機は、現在では大半の主要な統合防空システムの中核となっている。これらの大型機には通常は戦闘機管制官（ファイター・コントローラー）が搭乗しており、戦闘機リソースをきわめて効率的に運用することができる。非常に重要なアセットであり、標的としての価値も高いＡＥＷ機には、自身を守るための護衛も必要である。

　現在では、主要国は「重層的（レイヤード）防空システム」を運用している。重層的システムでは、レーダーが接近する航空機を探知し、電波妨害装置（ジャマー）がその誘導システムを妨害する一方で、地対空ミサイル

（SAM）が敵機を直接要撃し、戦闘機も敵機に向けて誘導される。敵機が標的に接近すればするほど、より短射程のSAMが残存する侵入機の破壊を試みる。標的自体はECMにより受動的（パッシヴ）に防衛され、また一部は移動式であるか、物理的に強化された構造で守られている。言うまでもないが、全システムは広範な冗長性と堅牢なデータリンクを持つC3で結ばれている。

## 3　朝鮮戦争

一九四五年以降、国家間の大規模な紛争は、中東と南アジアを除けば比較的稀（まれ）であった。初期の例外は、朝鮮戦争（一九五〇～五三年）である。この戦争では、共産主義国の北朝鮮が米国と同盟を結ぶ韓国に攻撃を仕掛け、米国は国連の旗の下で多国籍軍を率いて対応した。

朝鮮戦争を戦ったのは主に戦闘機であるが、そのなかにはさまざまな機体が含まれている。一部は新しいターボジェット技術で推進力を得ていたが、第二次世界大戦期のプロペラ機もあった。米国率いる多国籍軍は、膨大な兵力を誇る中国軍から積極的な支援を受ける北朝鮮軍を最終的に押し戻すことに成功したが、これにはエア・パワーが不可欠であった。ソ連も重要な役割を果たした。また米軍の航空機搭乗員がソ連のパイロットと戦ったのはこの朝鮮戦争が初めてで、事実上これが最後である（ただし、ソ連のパイロットは北朝鮮の識別標章がついた戦闘機を操縦していた）。ソ連は一切の関与を否定し、そのパイロットは前線を越えたりせず、もし撃墜されたとしても捕虜になるリスクを冒さないように注意を払っていた。

共産主義側の補給線を分断するための米国の阻止攻撃や、北朝鮮のわずかなインフラや産業に対する激しい爆撃は、北朝鮮を荒廃させた。米国は中国やロシアを攻撃することができなかったし、そのつもりもなかった。攻撃したとすれば、それは確実に共産主義諸国との公然たる全面戦争を引き起こしたであろう。したがって、朝鮮半島の共産軍には攻撃を受けることのない安全な戦略的縦深（じゅうしん）が常にあり、この縦深を利用してソ連（はるか遠くのヨーロッパの補給基地を用いた）と中国からの補給物資の空輸を維持した。この空輸はあまり知られていないが、非常に長期間にわたって継続した。

第二次世界大戦の後で、近接航空支援のスキルは軽視されていた。その例外は、航空要素と地上要素が（昔もいまも）非常に密接に統合される米海兵隊である。近接航空支援を軽視した結果として、米空軍は、調整と統合に関する第二次世界大戦の教訓を学び直さなければならなかった。この「スキル消失（フェード）」の後での再学習というパターンは、第二次世界大戦以降、多くの空軍にとって永遠の課題である。

国連軍と米軍は、半島全体で戦場上空の空の管制を獲得、維持していた。このために、初めて作戦域の随所にヘリコプターを効果的に実戦配備することができ、とくに医療後送（メディヴァク）を任務とするヘリコプターの展開が可能になった。なお、敵地の奥深くで撃墜された航空機搭乗員を回収する戦闘捜索救難ヘリも、この時初めて実戦配備が可能になった。ただ、米国と国連は空の管制の獲得・維持に成功していたものの、時折ながら北朝鮮のローテク航空機――その多くは複葉機――から夜間の不愉快な襲撃を受けることもあった。一九五三年四月一五日には、こうした襲撃の一つで二人の米兵が殺害された。その時以来、どの戦場でも敵航空部隊の行動の結果として死亡した米兵はいない。

## 4　相次ぐ独立戦争、一九四五～七九年

第二次世界大戦中の占領に対する抵抗（レジスタンス）――たとえば、ドイツ占領下のソ連でのドイツ軍に対する抵抗――は、通常は大量の火力と多数の地上軍を利用して対処された。このパターンは何度も繰り返されたが、西側諸国（イギリス、米国、フランス）の軍隊が反乱者を相手にする際には、それは時に「民心（の掌握）（ハーツ・アンド・マインズ）」というレトリックで覆い隠されていた。エア・パワーはこれらの戦争のすべてで大きな役割を果たしたが、そのいずれでも決定的ではなかった。

第二次世界大戦後、ヨーロッパ最大の植民地保有国であるイギリスは疲弊し、破産状態にあった。戦争終結の直後から、イギリスは植民地撤退戦争に直面する。そのうちで最も激しい戦いが英領マラヤ［現マレーシアの一部］で起きた。英領マラヤでは、イギリス空軍および同盟関係にある植民地空軍は、爆撃という一番なじみ深い手段に訴えた。何千トンもの高性能爆弾が、その大半は効果的ではなかったが、マレー半島の森林に投下された。

イギリスが第二次世界大戦後に戦った対反乱戦争の多くは、死傷者が少なく、比較的低烈度の紛

争であった。フランスの帝国撤退戦争は、これとは非常に異なっている。フランスは、主要海外領土であるヴェトナムとアルジェリアの植民地政府を存続させることを決意していた。その結果として生じた戦争は、とくに一般市民が出した多数の死傷者のために際立っている。エア・パワーは死傷者数が増えた大きな要因であった。イギリスも小規模部隊を投入するために対反乱作戦でヘリコプターを利用したが、現在「空中機動部隊（エアモバイル・フォース）」と呼ばれている、ヘリコプターで輸送される地上部隊の先駆者はフランスである。

第一次インドシナ戦争（一九四六～五四年）で利用できた航空技術は、攻撃任務用に機関銃で武装した小型ヘリと、（朝鮮戦争で米国が行ったように）ヘリコプターによる時折の医療後送でしかなかった。フランスは、アルジェリア戦争（一九五四～六二年）でも大規模な対反乱を戦った。同戦争の初期には、アルジェリアには民間所有のベル47Gヘリコプターが一機しかなかった。アルジェリア戦争が進行するにつれて、米国が提供した大型のヴァートルH－21「フライング・バナナ」（図8）やシコルスキーH－34（イギリスではウェストランド「ウェセックス」という名称でライセンス生産）の飛行により、三〇分以内に目標地点に六〇〇人の空挺兵や特殊部隊員の大隊全体を投下することができるようになった。これらのヘリコプターは地上からの対空砲火に対して脆弱であることがすぐに判明した。こうして部隊の着陸を掩護（えんご）するために機関銃やロケット砲を搭載する武装ヘリコプター（ヘリコプター・ガンシップ）が誕生した。

こうしたヘリコプターを利用する取り組みや、アルジェリアに展開した大規模なフランス地上軍

図8　アルジェリア（1956年）

の取り組みは、いずれも勝利をもたらさなかった。この戦争は一九六二年のアルジェリア独立により終結した。空からの、また地上における惜しげもない武力行使や、それが市民の支持に及ぼした影響にもかかわらず、またはもしかすると部分的にはそれが原因で、圧倒的な軍事力は、明確で大衆の支持を受ける政治的大義を掲げる敵対者を打倒することに失敗したのである。

冷戦期を通して、アフリカでは戦争が猛威を振るった。アンゴラ（一九六一～七五年）とモザンビーク（一九六四～七四年）では、ポルトガルが反乱者を鎮圧しようと試みて失敗した際に、エア・パワーが重要な役割を果たした。小規模なローデシア空軍は、ジンバブエ独立戦争（一九六四～七九年、ローデシア紛争や第二次革命闘争（チムレンガ）とも呼ばれる）で飛行機をきわめて効果的に利用した。反乱軍が飛行機を利用することは非常に稀であった。しかしながら、ビアフラ戦争（一九六七〜七〇年）の際には、分離派のビアフラ軍に雇われた傭兵パイロットがナイジェリア連邦軍にとって大きな障害となった。

## 5 ヴェトナム戦争

一九五〇年代の植民地撤退戦争がいかに多くの死者を出したにせよ、それは一九六〇年代のインドシナ半島における戦争の前兆にすぎなかったように思われた。ディエンビエンフーの戦い（一九五四年）での敗北により、ヴェトナムにおけるフランスの運命は決した。フランス軍の降伏後、ヴェトナムは共産主義国の北ヴェトナムと、米国と同盟を結ぶ南部の腐敗した民主的政府に分割された。

米国の後援を受ける新国家、ヴェトナム共和国［南ヴェトナム］は、国民解放戦線（NLF、「ヴェトコン」とも呼ばれる）の反乱に直面する。国民解放戦線には北ヴェトナムの通常軍（ヴェトナム人民軍［VPA］）からの強力な支援があり、一方でヴェトナム人民軍は中ソ両国から支援を受けていた。米国は、諸国が次々と共産主義勢力に呑み込まれていくという「ドミノ理論」と呼ばれる状況を避けたいと考えていた。一九六〇年代のあいだに、米国はヴェトナムへの軍事的関与を徐々に増大させた。一九六八年には、五〇万人以上の米兵がヴェトナムに展開している。地上の米兵を支援する航空作戦の規模は、第二次世界大戦後では飛び抜けて大きかった。

## ヘリ輸送

米国は、自国とフランスの経験に基づいて、ヘリ輸送による空中機動師団の概念を発展させていた。これはフランスがアルジェリアで運用した大隊規模（一〇〇〇人程度の戦闘員）にとどまらない。着陸地帯に敵地上軍の砲火があまりないならば、いまや一個師団全体（数千人の兵士）をある地点にきわめて迅速に着陸させることができた。これほど多数の兵士がこのようなかたちで投入されることは稀であった。有名なイア・ドラン渓谷の戦い（一九六五年一一月一四〜一五日、映画「ワンス・アンド・フォーエバー」〔原題 *We Were Soldiers*〕の題材となった）は、その一例である。

地上での移動は遅く、しばしば危険であった。そのため、ヴェトナム戦争が進行するにつれて、兵士たちは頻繁に空路で戦闘地点に移動するようになった。このアプローチが抱える問題の一つは、どんな軍事プレゼンスも、多くの場合には一時的にすぎないということである。ある意味で、兵士たちは戦闘するために「通勤」する。土地を奪取し、また保持するための兵士が足りない対反乱の紛争では、今日でもこれは問題のままである。

もう一つの問題は、ヘリコプターは着陸時に脆弱であるということだったし、いまもそれは変わらない。ヴェトナムでは、せいぜい重機関銃で武装する程度の国民解放戦線の反乱者たちを相手にする戦いのなかで、三三〇〇機以上のベルUH‐1「イロコイ」（当初のHU‐1という名称から「ヒューイ」と通称された）ヘリコプター――米陸軍（ヴェトナムでヘリコプターの大半を運用した）の主力ヘリ――が失われた。これは配備された七〇一三機のうち四五パーセントにあたる。そのほかのヘリコプターも一八〇〇機近くが失われ、空の管制は実効的に地上から挑戦を受けるかもしれないということを改めて実証した。

同戦争の際立った特徴はたくさんあるが、その一つはハイエンドの戦闘のために設計された航空機が、武装の貧弱な反乱者たちに対して広範に使用されたことであった。巨大なB－52爆撃機から、多彩な流線型の超音速戦闘機までさまざまである。これらの飛行機を標的に誘導する米兵たちは「ジェット」戦闘爆撃機を「早足なヤツ（ファストムーヴァー）」と呼んでおり、この俗称はいまでも通用する。アルジェリアと同じように、ロケット砲と機関銃で武装するヘリコプター、とくに「イロコイ」は、近接航空支援に利用された。米陸軍が対地攻撃のために特別に設計された最初の回転翼航空機、ＡＨ－１Ｇ「コブラ」を手にするには、一九六七年まで待たなければならなかった。

## 「ローリング・サンダー」作戦と「ラインバッカー」作戦

南ヴェトナムでは激しい戦闘が繰り広げられたが、「ローリング・サンダー」作戦という暗号名がつけられた爆撃の大半は、北ヴェトナムから南部のヴェトコン戦士たちへの補給路に対して実行された。この「ホーチミン・ルート」（実際には何千という個々の小さな道）は、たいていカンボジアとラオスを通っていた（コラム④）。この複雑な補給網は北ヴェトナムでは「ルート五五九」と呼ばれていた。これは南部に武器と物資をひそかに持ち込む試みを指揮していた「五五九部隊」の名称に由来する。爆撃の効果について、米国は漠然としか把握していなかった。

信頼できるデータがなかったのである。補給路は簡単に移動ないし再建することができたし、人力やトラックという補給の手段はきわめて強靭で、容易に補充することができ、また攻撃を命中させるのが困難であるというのが現実であった。そのうえ、南ヴェトナムの共産主義者であるヴェトコンの反乱者たちは、ほぼ自給自足していた。ヴェトコンが活動を維持するのに必要とした北からの補給物資は、一日につきわずか三四トンにすぎなかったと推計されている。

ホーチミン・ルートと北ヴェトナムそのものに対する爆撃は、一九七二～七三年の「ラインバッカーⅠ」作戦と「ラインバッカーⅡ」作戦で強化された。それまでは、北ヴェトナムの重要施設は米大統領の命令により明確に攻撃対象から除外されていたのである。一九七二年一二月の一〇日間の作戦（しばしば「クリスマス爆撃」

### コラム④　地球上で最も激しい爆撃を受けた国

ヴェトナム戦争中に、米軍機は東南アジア諸国に七六〇万トンほどの爆弾を投下した。北ヴェトナムだけでも、七万人の市民が死亡した。

第二次世界大戦中には、連合国はあらゆる標的に三四〇万トンの爆弾を投下した。このうち二七〇万トンがドイツに対する爆撃である。一九六四年から一九七三年にかけて、公式には中立を維持していたラオスは、およそ二五〇万トンの高性能爆弾の爆撃を受けた。ラオス市民一人あたり約一トンの爆弾が投下されたことになり、一人あたりでは地球上で段違いに激しい爆撃を受けた国である。

ラオス上空への五八万回に及ぶ爆撃出撃の過程では、「バレル・ロール」作戦と「ステと呼称）である「ラインバッカーⅡ」作戦は、北ヴェトナムを交渉の席に着かせたと論じることができる。その意味で、これは冷戦期に唯一成功した戦略爆撃作戦であった。とはいえ、ある程度までは、北ヴェトナムは戦車やその他の機械化装備を用いる通常戦に移行することで、自ら米国の術中にはまってしまったのである。この通常戦への移行は、兵站線がはるかに複雑なものとなり、したがってより容易かつ効果的に攻撃を受けるようになることを意味した。一九七二年以前のどの時点でも、共産軍がこうした通常の攻撃形態に対して脆弱であったことはなかった。

米軍の爆撃機は、ソ連が提供したSA－2［S－75］およびSA－3［S－125］地対空ミサイル・システム、レーダー誘導式の対空砲、北ヴェトナム空軍のMiG戦闘機から激しい抵抗

イール・タイガー」作戦で二億七〇〇〇万個の子爆弾（クラスター子弾とも呼ばれる）が投下された。そのうち三〇パーセントは爆発しなかった。戦争終結後、不発弾により二万人以上が命を落としている。いまだに毎年五〇人以上が死亡しているが、そのうち戦争当時に生まれていた者はほとんどいない。犠牲者の四〇パーセントは子供である。ラオスは世界中のクラスター爆弾に起因する死傷者の半分以上を出している。

この爆撃の費用は二〇一七年時点のインフレを考慮したドル換算で一日一七〇〇万ドルである。これは不発弾を処理するために国際人道支援機関が毎年支出する金額よりも大きい。米政府は二〇一六年から二〇一八年にかけて九〇〇〇万ドルを支出すると約束したことを付け加えてもよいであろう。

を受けた。米国と北ヴェトナムでは技術力に大きな差があったにもかかわらず、米空軍は戦争中に一七三七機の固定翼機を戦闘で失い、米海軍は五三〇機を失った。その大半は何らかの地上からの砲火によって撃墜されている。

概念に関して言うと、ヴェトナム戦争はエア・パワーに関する思考のどん底であった。米空軍の上級指揮官たちは、一九三〇年代に米陸軍航空隊戦術学校で学んでいた。マーク・クロッドフェルターがヴェトナムでの米航空作戦に関する研究書『エア・パワーの限界』（*The Limits of Air Power*, 1989）のなかで記しているように、米空軍は「陸軍航空隊戦術学校の教条を中心に組織化されたままであった」。そのうえ、ヴェトナムはエア・パワーが戦争に勝利することができるという考えに対して根本的な挑戦を突きつけていた。

## 6　繰り返される中東戦争、一九四七〜八二年

第二次世界大戦後で最も成功した航空部隊は、おそらくイスラエル空軍（ＩＡＦ）であった。この理由はいくつかある。第一に、イスラエルは潜在的な敵国に囲まれており、その結果として防衛は国家の最優先課題であった。国民と国家的取り組みの大半は、国防軍の人員を充足させ、また支援することに関わっていた。作戦においては、イスラエル空軍は攻勢の採用を意図的に選択し、またそうすることで、たいていはイニシアティヴを保持していた。この理由から、空軍がイスラエル

の主要兵器であり、これはいまでもそうである。

一九四八年五月二八日に創設されたイスラエル空軍――その前身にあたるシェルート・アヴィア、準軍事組織ハガナー（イスラエル国防軍の前身）の「航空部隊」は一九四七年一一月に創設されている――は、イギリス空軍や米空軍のような独立した空軍になることはなかった。しかしながら、イスラエル空軍は、その最初期の参謀長であるダン・トルコフスキー（空軍司令官、一九五三～五八）とエゼル・ヴァイツマン（空軍司令官、一九五八～六六）によって一九五〇年代に形成された、独特な気風（エートス）を持っている。二人は第二次大戦中にイギリス空軍で軍務に服していた。

トルコフスキーは、第二次世界大戦中の自身の経験に大きく影響されていた。イギリス空軍が［エジプトとリビアの砂漠を舞台とする］西部砂漠戦役で遂行した戦術的作戦（地上軍ときわめて密接に連携）、またのちの戦闘爆撃機の採用に関する経験である。これは、異なる役割を持つ多様な航空機をそろえることができない、比較的貧しい国にぴったりであった。そのうえ、トルコフスキーとヴァイツマンは、消耗戦による防衛ではイスラエルに勝算はないということを理解していた。イスラエルの国土は細長く、攻撃に対して非常に脆弱だったし、いまでも脆弱である。機動（マヌーヴァ）を伴う損害の大きな防衛を行ったり、領土と引き換えに時間を稼いだりするための戦略的縦深がまったくなかったのである。その結果、イスラエルは必要ならば先制攻撃という形をとりうる前方防衛（フォワード・ディフェンス）の方針を採用しなければならなかった。したがって、当初から非常に能力の高い人員を集めることが重視されていた。イスラエル空軍は、毎年の徴集兵のなかで最優秀の人材を割り当てられたし、現在でもそれは続いている。

当初から、イスラエルは地上軍だけでなく情報アセットとも密接に連携しながら、空軍を非常に効果的に利用していた。たとえば、一九五六年一〇月二八日には、一九四三年に米軍が山本提督を殺害した「ヴェンジェンス」作戦（第5章を参照）を思わせる戦闘で、揺籃（ようらん）期のイスラエル空軍は、エジプト陸軍参謀本部の多数の高官を運ぶイリューシンIL－14を撃墜した。イスラエル空軍は同機が飛来するタイミングと飛行経路を無線諜報（シギント）から特定していたのである。その翌日、イギリス軍とフランス軍の支援を受けるイスラエル軍は、第二次中東戦争［スエズ危機］を開始し、エジプト陸軍を潰走させた。一九六〇年代を通して、エジプト軍とイスラエル軍は何度も衝突した。イスラエル空軍は、エジプトとシリア、ヨルダンの空軍に数で大きく圧倒されていた。これに対する一つの解決策は、イスラエルがそうしたように、またイギリス本土航空戦の際に数で圧倒されたイギリス空軍がそうしたように、「出撃率（ソーティ・レート）」――実施ミッションの数を保有機数で割ったもの――に集中することであった。このためには航空機の素早い再出撃準備（ターンアラウンド）（給油と弾薬補給）が必要であった。これはもう一つの戦力増幅の事例である。

地上での戦闘が始まる前に空の管制を確保するために、ある計画が考案された。「モケド」（「焦点」）作戦は、敵の空軍が離陸する前に無力化することを計画していたが、その意図は航空機の破壊ではなく、滑走路を利用できなくすることであった。一九六七年六月、イスラエルの情報機関は、エジプト軍とシリア軍がイスラエルに対する全面攻撃を計画していると断定した。「モケド」作戦は一九六七年六月五日、午前七時四五分に開始された。イスラエル軍は敵側の滑走路を使用不能にするとともに、攻撃開始から一時間でエジプト空軍機二〇〇機を破壊し、脅威を取り除いた。破壊された航空機の大半は最新のロシア製ジェット機であった。こうして始まった第三次中東戦争［六日戦争］で、イスラエル軍の航空機はエジプトとシリアの地上軍を壊滅させた。米空軍将校の理論家ジョン・ウォーデンが述べたように、「二〇世紀で唯一、一日の一度の戦闘で決着がついた戦争」であった。空軍ドクトリンの歴史に強い関心を持つ者にとって、これは間違いなくドゥーエ理論——空の管制は敵の基地を破壊することによって獲得される——の実践であった。戦争終結時までに、イスラエル軍の航空機はエジプトとシリア、ヨルダンの戦闘機と爆撃機の八〇パーセント近くを破壊した。「モケド」作戦は今にいたるまで有効な攻勢対航空（ＯＣＡ）に関する最高の事例である。

この完敗の後で、エジプトは地対空ミサイルを中心に、壊滅した防空網を再建した。ソ連のＳＡ－２（最大射程四五キロ）、ＳＡ－３（最大射程三五キロ）、ＳＡ－６［２Ｋ12］（最大射程二五キロ）などのソ連製ＳＡＭを何十台も配備した（図９）。ＳＡＭとともにソ連人操作員もしばしば連れてこられた。ＳＡＭの利用が重視されたのは、一つには優秀な航空機搭乗員を集め、訓練するのが困難だったためであり、また一つにはＳＡＭはジェット機と比べて安上がりだったためである。しかし、何よりも魅力的だったのは、ＳＡＭの方がより効果的、効率的であると評価されたことであった。「消耗戦争」ではＳＡＭが中東地域における重要な新要素として確立された。これは一九六七年か

図9　ソ連が提供したSA－3地対空ミサイル

ら一九七〇年にかけての散発的な戦闘で、当時エジプトはソ連から広範に及ぶ積極的な支援を受けていた。一九七三年一〇月に全面戦争〔第四次中東戦争、ヨム・キプール戦争とも〕が再発した時、エジプト軍の大胆なスエズ運河横断はイスラエル軍を驚かせた。運河横断は帯状に配置されたエジプト軍のSAMによって効果的に掩護（えんご）されており、イスラエル軍のジェット機に大きな被害を与えた。運河横断による攻撃は大きな混乱を引き起こしたので、〔開戦と同時に〕SAMの設置場所を叩くイスラエルの計画（暗号名は「ドゥグマン」作戦と「タガール」作戦）はうまく実行できなかった。スエズの戦場上空における空の管制は事実上失われた。数日後、地上軍がSAM発射台を襲撃して、イスラエル軍のジェット機がエジプト軍と交戦できるように防空網の間隙（かんげき）を作り出した時にようやく空の管制を取り戻すことができた。

エジプト軍の攻撃と同時に、イスラエル北部の国境地帯にある係争地、ゴラン高原に対するシリア軍の襲撃が始まった。この襲撃は危うくイスラエル側の防衛線を突破しかねないほどであった。イスラエル軍のドクトリンは定評のある中央集権的統制の伝統に忠実であり、航空アセットは速やかにスエズ方面からゴラン方面に移動したが、むしろそこで地上からの砲火を受けて大きな犠牲を払った。防衛線はなんとか持ちこたえたが、これは主にイスラエル空軍がシリア軍の燃料・弾薬集積場に阻止攻撃を行ったためである。中央集権的統制の弊害は、個々の攻撃を上級司令部が承認しなければならないことであるが、イスラエル人特有の流儀で、こうした問題の一部は現場のイニシアティヴと柔軟性によって解決された。その一方で、米国は同盟国の敗北を許容できなかった。米国はイスラエル空軍の損失を埋め合わせるために、ほかの兵器に加えてF－4ジェット機の空輸を実行した。これらの飛行機はすぐに実戦投入された。ゴルダ・メイア首相は、この空輸が「イスラエルを救った」ときっぱりと断言した。同様に、ソ連もさらにロシア人「技能者（テクニシャン）」や地上軍を空輸して、エジプトを保護するという決意を示した。その後、エスカレーションを回避するために停戦が呼びかけられた。一九七九年、エジプトとイスラエルは和平協定に調印した。この協定は今日でも有効である。

イスラエルはいまや地上配備型ミサイル・システムから重大な挑戦に直面していることを理解した。地上配備型ミサイル・システムは、戦術的だけでなく戦略的にもきわめて大きな影響力を持つようになっていたのである。イスラエル空軍司令官のエゼル・ヴァイツマンが述べたように、「この戦争ではミサイルが飛行機の翼を折り曲げてしまった。この事実をしっかりと分析すべきである」。イスラエル空軍はその後の十年間をまさにこの分析に費やし、見事な成果を出した。一九八二年六月の「アルツァヴ」（「おけら」）作戦では、高速ジェット機の攻撃プロファイル［飛行パターン］を模倣するよう電子的に調整されたイスラエル軍のドローンが、レバノンのベカー峡谷［高原］の上空でシリア軍のSAM発射装置からの攻撃を誘発した。発射されたシリア軍のSAMは発射装置に随伴するレーダーの位置を暴露し、レーダーは当然ながらイスラエル軍のミサイルにより破壊された。最上位機種のMiG-21を含むシリア軍のMiG戦闘機が、SAMシステムに対するイスラエル軍の一斉攻撃に反撃するために直ちに出動した。イスラエル軍の電子戦部隊がシリア軍の通信と航空電子機器（エイヴィオニクス）を妨害したために、シリア軍の飛行機はイスラエル軍戦闘機の格好の獲物となった。これは歴史上で最も一方的な空戦の一つであり、数日間で八〇機ほどのシリア軍MiGが撃墜された。イスラエル側の損失は、SAMに撃墜された四機のジェット機だけであった。ドローンはすでにヴェトナム戦争で利用されていたけれども（艦砲の弾着観測を行う「スヌーピー」計画）、初めて航空戦でドローンが決定的な役割を果たすことになったのである。イギリス本土航空戦と同様に、一九八二年のレバノン上空での戦争は、イスラエル軍の航空機とパイロットの勝利だっ<u>ただけ</u>でなく、新しいドクトリンと技術、組織からなるイスラエル軍のシステムの勝利でもあった。

## 7　繰り返される印パ戦争、一九四七〜七一年

遠く離れた南アジアでは、第二次世界大戦後のもう一つの永続的な対立が展開しつつあった。第二次世界大戦後に起きた英領インドの禍根を残す分割は、控えめに言っても負の遺産となっていた。英領インドは、いまやインドとパキスタンという二つの敵対する国家に分割されたのである。一九四七〜四八年、一九六五年、一九七一年、一九九九年に戦争や紛争が起きた。イスラエルの事例でそうだったように、第二次世界大戦の経験が大きな影響を及ぼしている。パキスタン空軍とインド空軍の将校たちは、第二次世界大戦の複数の戦域、とくにビルマでの従軍経験があった。ビルマでは、たどりつくのが困難な地域への兵士輸送と物資補給を実施するうえで飛行機が重要であった。第二次世界大戦中にイギリス空軍パイロットだったメハール・シンとK・L・バティアは、独立後にインド空軍の輸送機団を率いることになる。彼らが学んだ教訓は、一九四七年一一月にインドがカシミールを保持するうえで重要であった。この時、インド歩兵隊四個大隊がシュリーナガルに空輸され、インド軍がこの州都を占拠することを可能にしたのである。

次の一九六五年の戦争では、指揮と連携の問題に加えて、とくにインドが保有する相当規模の航空兵器の全力を投じる政治的意思が欠けていたために、どちらの側も決定的な空からの干渉ができなかった。一九七一年の戦争では状況が異なった。この時には、インド軍は当時東パキスタンと呼

ばれていた地域に実効的に介入したのである。

一九七一年を通じて、（のちにバングラデシュとなる）東パキスタンは、独立に向かう動きの後で、現在のパキスタンが行った武力による略奪行為で大きな被害を受けた。一種の民族浄化計画によって何万人という人々が殺され、負傷し、レイプされた。一九七一年一一月、インドのインディラ・ガンディー首相は、マネクショー陸軍大将率いる軍隊に対して、東パキスタン、またその後はパキスタンそのものに公然と介入するよう命令した。ほんの一ヵ月足らずの期間に、インドは決定的な勝利を勝ち取った。この介入ではエア・パワーが大きな役割を果たした。

インドは以前の紛争から重要な教訓を学んだ。とくに重要なのは、陸軍部隊に同行する前線航空管制官を配備することにより、広範な近接航空支援を確保する必要性であった。ヴェトナムでもそうだったように、ヘリコプターが幅広く利用された。まるで統合作戦を遂行するインド軍の能力を誇示するかのように、［ベンガル湾で］海上封鎖を実施していたインド空母「ヴィクラント」（INS *Vikrant*、かつてのイギリス空母「ハーキュリーズ」［HMS *Hercules*］）は、インド軍の陸上作戦を支援するために艦載機を何十回も出撃させた。決定打となった航空作戦は、インド空軍のMiG－21による、ダッカの東パキスタン知事公邸に対する精密爆撃である。この威圧行為は「揺らぐ政権に対する心理的な最後の一撃」であった。東パキスタンはその翌年にバングラデシュとなったのである。

## 8　エア・パワーと海洋領域

第二次世界大戦の終結は、あらゆる主要海軍において主力艦としての空母の役割を強固なものにした。米国は巨大な原子力空母の艦隊を建設した。各空母は一〇〇機以上のジェット機を搭載することができ、その多くは核攻撃を実行することができる。これらの恐るべき航空アセットは、米国の戦力を投射したり、すでに交戦中の米国や同盟国の軍隊を支援したりするために派遣される「空母群」の中核となった。朝鮮半島でもヴェトナムでも空母艦載機は重要な役割を果たしたが、いずれの紛争でも空軍機とのあいだで指揮・連携をめぐる問題が生じた。海軍の指揮（コマンド）システムと指揮文化（コマンド・カルチャー）は、空軍の機構とは著しく異なっていたからである。

米海軍は、さまざまな紛争に米国が関与する際の「槍の穂先」［先兵］となるまで海軍航空の活動域を拡大した。海軍航空は現在も米国の「槍の穂先」であり続けている。ほかの主要国も、多かれ少なかれ空母能力を維持した。フランス、インド、イギリスはその典型である。一九五〇年代には、イギリス海軍はアングルド・デッキ、蒸気カタパルト、ミラー着艦方式をいち早く採用している。今日の大型空母にも採用されているこれらの発明のおかげで、ジェット機は以前よりはるかに安全かつ効率的に発艦・着艦できるようになった。安全かつ効率的な発艦と着艦は、「出撃実施（ソーティ・ジェネレーション）」（航空機を素早く離着艦させる能力）がきわめて重要な戦力増幅手段となるような環境では不可欠な能力である。

しかしながら、イギリスは、一九六〇年代後半に、海軍エア・パワー大国となる野心を放棄して、その代わりにグローバルな戦略的活動では地上配備のエア・パワーを利用するという決断を下した。一九八二年時点では、イギリス海軍のエア・パワーを構成していたのはたった二隻の小型空母であり、両艦は比較的航続距離の短い「シーハリアー」ジャンプジェット機〔垂直離着陸機〕を発進させることしかできなかった。同年の初め、アルゼンチンは、同国海岸から四〇〇マイル〔約六五〇キロ〕離れた南大西洋のフォークランド諸島（アルゼンチンではマルビナス諸島と呼ばれる）をめぐる、イギリスとの長年の紛争を解決するために武力に訴えた。アルゼンチンは一九八二年四月に同諸島に侵攻、占領し、イギリスは空母を中心とする任務部隊（タスク・フォース）を素早く派遣した。制空が勝利の決定的要因になることが完全に理解されていた。アルゼンチンにとっては不幸なことに、アルゼンチン空軍（フエルサ・アエリア・アルヘンティーナ）（FAA）は、侵攻作戦が実施される二週間前に作戦について知らされたばかりであり、この紛争をどう戦うかについて検討したり、それどころか計画立案に参加したりする時間がほとんどなかった。そのうえ、アルゼンチン空軍は海上で訓練することを禁止されていた。これは海軍の役割だと考えられていたからである。アルゼンチン海軍は、イギリス潜水艦がアルゼンチン巡洋艦「ヘネラル・ベルグラノ」（*General Belgrano*）を撃沈した戦争初期に戦闘から離脱した。その後、同国唯一の空母は安全な海域に退避した。

フォークランド諸島の周辺に侵入禁止海域（事実上の包囲）を設定していたイギリスの任務部隊は、

一九八二年五月、アルゼンチン空軍と交戦した。空の管制を確保して、大きな損失なしに地上軍の上陸を達成できるようにするためである。艦載防空システムが複数のアルゼンチン空軍機を撃墜したが、空の管制を確保する役割を担ったのはイギリス海軍の「シーハリアー」であった。アルゼンチン空軍がフォークランド諸島に有効な基地を確立していなかったこともイギリスに有利に働いた。その結果として、〔本国から飛来する〕アルゼンチンの戦闘機と打撃機は戦闘行動半径の限界で飛行していたのに対し、イギリス海軍の航空基地（空母）は〔アルゼンチン側と比べて〕フォークランド諸島にはるかに近かった。そのうえ、アルゼンチン軍はフォークランド諸島に少数の移動式レーダーを配備していたが、明確な「航空状況図」を得ることができなかった。一方、イギリス海軍も長距離レーダーがなかったため、多少の制約があった。イギリス海軍のAEW機は、一九七九年に最後の艦が退役した大型空母と同じ運命をたどっていたのである。

アルゼンチン空軍機に加えて、地上配備のアルゼンチン海軍機（後者は対艦ミサイルで武装していた）は、勇猛果敢に攻撃を遂行し、またイギリス軍の航空機から同様に勇猛果敢な抵抗を受けた。イギリス艦艇に大きな被害を与え、五隻も撃沈したのである。やがてイギリス軍が上陸し、同島を占領するアルゼンチン軍を敗北させた。フォークランド紛争により、いかなる艦艇であれ、敵航空機の戦闘行動半径内に展開する場合には――つまり、ほぼどこでも――戦闘機という形で実効的な空中防衛システムが必要であることが実証された。事実上民間人の死傷者が出なかったという点でも、同紛争は重要である。これは民間人がほとんどいない環境で、二つの軍隊が戦った戦争であった。フォークランド諸島の奪還を成功させるにあたって、エア・パワーは必須の要素であった。

## 9 結論

冷戦は、同じ教訓を学び、また学び直す必要があるということを幾度となく示した。通常型のエア・パワーの観点からすると、これらの教訓のうちで第一に重要なのは近接航空支援の必要性と、それをうまく機能させるための手順であった。西側の航空機は総じてその能力においてソ連機の設計より優れているということが証明されたが、対空砲とSAMに対しては非常に脆弱であった。ヴェトナム戦争では、戦闘中に失われた米航空機（ヘリコプターを含む）の九七パーセント、中東戦争で戦闘中に失われたイスラエル航空機の九〇パーセントは、対空砲とSAMによって撃墜されたのである。

一九四五年から一九八二年にかけて、その後四十年間の技術的土台が築かれたと言ってよいであろう。ピストン・エンジンからジェット・エンジンへの移行は、あらゆる種類の航空機の活動域、出力、持続力を大幅に増大させた。精密兵器は大きなエア・パワーを振るう国が保有する航空兵器の重要な一部となりつつあった。航空機動力の可能性はすぐ明らかになった。実効的な包囲下にある諸都市への物資補給や、適切な時に決定的に必要な増援を投入するという戦略次元であれ、または戦闘中の多数の兵士を移動、補給したり、退避させたりするという戦術次元であれ、航空機動力はエア・パワーの最も重要な側面の一つであると正しく見なされるようになったのである。

# 第7章　エア・パワーの極致――一九八三〜二〇〇一年

ヴェトナム戦争直後の時期には、エア・パワーの利用について新しい思考はほとんど見られなかった。マーク・クロッドフェルターの言葉によれば、技術は「兵器の政治的手段としての有効性ではなく、兵器の致死力（リーサリティ）を重視する、エア・パワーの現代的なヴィジョン」を作り出した。手段が目的から乖離（かいり）してしまったのである。

本章では、こうした状況がどのように変化したかを検討する。「機略戦（マヌーヴァ・ウォーフェア）」という用語に要約される新しいアイディアを簡潔に検討したのち、それを可能にしたいくつかの能力、とくに精密性とステルス性について見てゆく。さらに、エア・パワーが主たる軍事的手段として用いられたいくつかの作戦についても見てゆく。評論家の多くは、この時期をエア・パワーが国家権力の手段、またまさに強制の手段として真価を発揮するようになった時代と見なしている。

一九八〇年代には、ジョン・ボイドとジョン・ウォーデンという、まったく異なるタイプの人物に導かれて、ドクトリンをめぐる思考に一種のルネサンスが訪れた。ノルウェー人のエア・パワー研究者、ジョン・オルセンの言葉を借用すると、ボイドはエア・パワーの実践者に考え方を教え、ウォーデンは彼らにどう行動すべきかを示したのである。

## 1　ボイドと「機略戦」

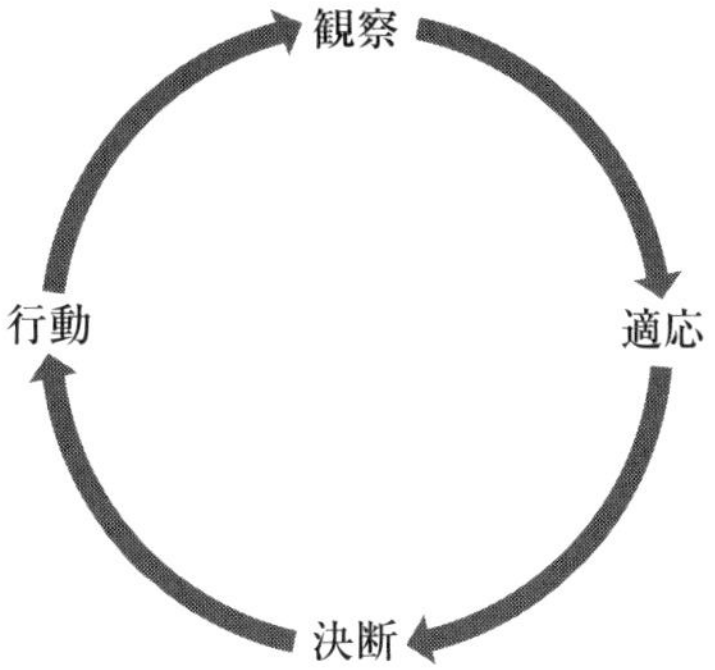

観察
適応
決断
行動

図10　OODAループ

戦闘機パイロットで、異色の軍事理論家であるボイドは、戦争の当事者たちを「複雑適応系」と見なした。知略に長（た）ける交戦者の目的は、常に進化と変化を続ける戦闘環境に敵が適応する能力を妨げ、混乱や過剰反応、またはそれどころか茫然自失の受動性を引き起こすことであるべきである。すなわち、「最速の変化速度に対処できる者が生き残る」のであり、これは「観察（オブザーヴ）」「適応（オリエント）」「決断（ディサイド）」「行動（アクト）」というサイクルを最も効率的に回すことのできる者によって成し遂げられる可能性が高いとされた。これは「ＯＯＤＡループ」と呼ばれている（図10）。敵が自身のＯＯＤＡループを完了するのを防ぐか妨げる、言い換えればそのＯＯＤＡループに「割り込む（ゲット・インサイド）」のは、軍事指導者の役割であった。いまでこそ軍の大学やビジネススクールでは当たり前の概念となっているが、OODAループに組み込まれたアイディアは、当時の軍事思考の真の変化を示していたのである。

ボイド自身は、自分のアイディアについて本を書き残していない。しかしながら、二〇世紀末の軍事思考に彼が及ぼした影響は非常に大きい。英米の軍事関係者のあいだでは、ソ連およびワルシャワ条約機構が西側の権益に及ぼす脅威に対しては、通常の手段で有効に対抗しうるという見方を支持する広範な集団があり、ボイドもそうした集団に属していた。一九五〇年代以降、NATOのドクトリンは、西側同盟国がワルシャワ条約機構の軍隊により数で圧倒されてしまうので、ワルシャワ条約機構の軍隊に対処するためにいずれ核兵器を使用しなければならなくなるだろうと想定していた。一方、新しい軍事思想家たちは「そうとは限らない」と主張した。NATOの軍事アセットを適切に用いれば、ソ連軍を敗北させることは可能であるという見解である。

彼らの新しいアプローチは、「機略戦」と呼ばれるようになった。機略戦の中核をなすアイディアは、より前線に近い敵軍が有効性と一体性を失いはじめるほどに通信システムを混乱させることができれば、数の上で優勢な敵を敗北させることができるというものである。このために重要なのは、縦深阻止攻撃（ディープ・インターディクション）――交戦中の部隊に補給と増援が到達できなくする――という考えである。要するに、電撃戦の防勢版、ないし第二次世界大戦中に西ヨーロッパで発展した戦略阻止攻撃という概念の一部を復活させたものと見なすことができるかもしれない。ボイドは、軍事力を賢明に利用すれば何ができるかを説明した。ウォーデンは、そのためにはエア・パワーをどう利用すればよいかを説明することになる。

## 2　ウォーデンと新古典的エア・パワー理論

米空軍のジョン・ウォーデン大佐の最も有名な著作は、戦略的手段としてのエア・パワーを簡潔かつ明快に説明する『航空作戦』（*The Air Campaign*）である。同書は、その構成において、また構成ほどではないがその野心において、クラウゼヴィッツの『戦争論』を想起させる。ウォーデン自身は、自身の著作を一九三〇年代と四〇年代にエア・パワーの思想家のあいだで影響力を持った、ロシア系米国人の理論家であるアリグザンダー・デ・セヴァスキーの『エア・パワーによる勝利』（*Victory through Air Power*、邦題『空軍による勝利』）の写本と見なしていた。ウォーデンは、あらゆる次元でエア・パワーをどう利用できるかを示すために、過去一世紀の軍事史から事例を引用する。

ウォーデンは、空軍指揮官の観点は陸軍指揮官の観点とはまったく異なるし、また異なるべきだと論じている。統合環境においては、空軍指揮官は戦場に引き戻される［戦略的阻止攻撃ではなく、戦術的な近接航空支援を求められる］傾向がある。「合理的な作戦を実施するためには――その目的が航空優勢であれ、阻止攻撃であれ、またはその両方であれ――空軍にはその作戦を実施する自由がなければならない」。このアプローチは、ドゥーエと米陸軍航空隊戦術学校が「古典的」理論を象徴していたことを踏まえて、「新古典的」エア・パワー理論と呼ばれるようになっている。両者には重要な差異がある。陸軍航空隊戦術学校のアプローチは工業生産を麻痺（まひ）させる試みを中心としていた一方で、ウォーデンは「政治と指揮」の麻痺を重視していたことである。ただし、ウォーデンは敵空軍とその基地の壊滅（攻勢対航空）の重視は維持していた。

ウォーデンは、エア・パワーは他軍種に優越するのではなく、他軍種と真に同格であると見なすことができると主張する点で、ドゥーエを超えてエア・パワー理論を発展させている。各軍種は「それが本来与えられた役割、またそれだけが遂行できる役割を果たす」べきである。従属や一体化ではなく、調整（オーケストレーション）が現代戦の必須条件（シネ・クア・ノン）である。ただし、ウォーデンは、条件さえそろえば、エア・パワーは最も重要な戦力たり得ると強く主張している。これは論争を呼ぶアプローチであり、陸軍と海軍の将校の多くは同意していない。

ウォーデンは、制空を活用することにより、クラウゼヴィッツのいう戦い（シュラハト）（会戦と戦闘）の回避を試みることがドゥーエの洞察だったと読者に注意を促す。ドゥーエのアプローチは直接的アプローチであった。別の言葉で言えば、戦場の外にある戦略目標に直接攻撃を仕掛けるということである。この戦略目標とは政治的意思決定者であり、要するに国家とその指導者層を意味した。ウォーデンは近代国家を「システム・オブ・システムズ」と見なしており、これを「五つの輪（ファイヴ・リングス）」という枠組みの中に位置づけた（図11）。

図からも明らかなように、この輪の中心にあるのは意思決定者（国家の戦略的中心）である。その外側にある四つの輪は、この内なる輪への対応を容易にするためにのみ攻撃されるべきである。あ

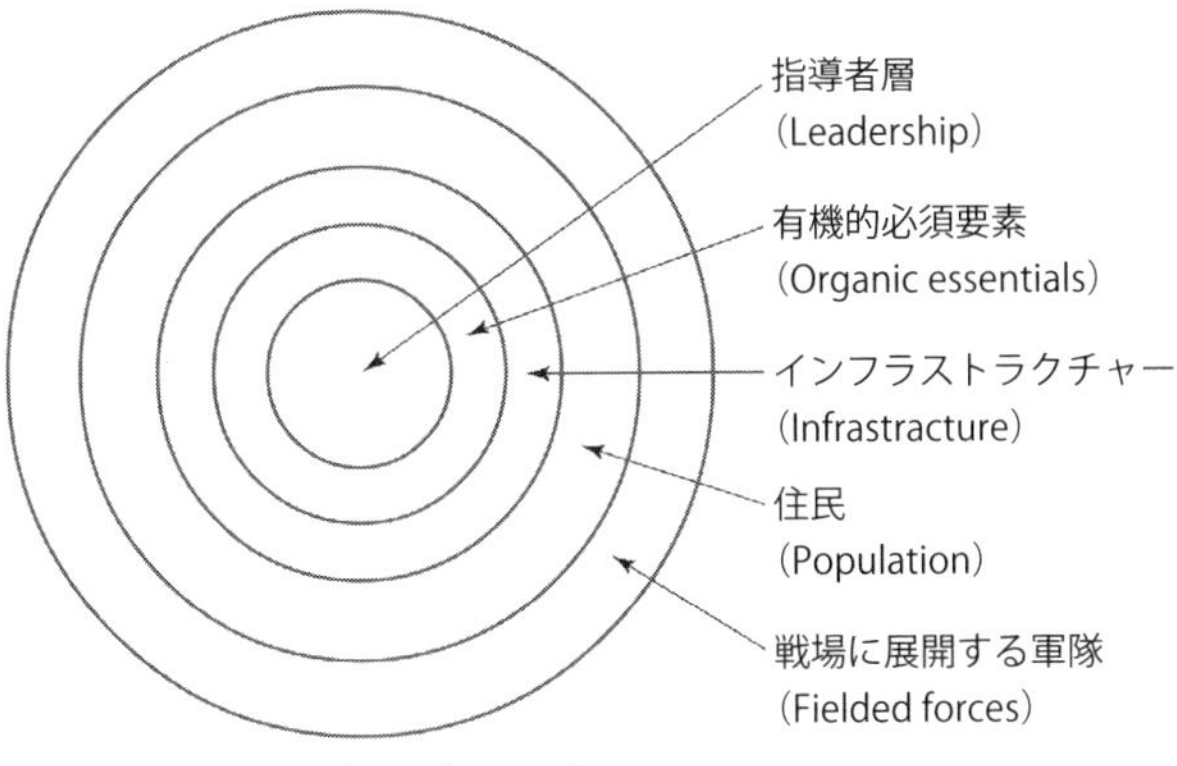


図11　ウォーデンの「五つの輪」

①**指導者層**：意思決定者や通信・指揮統制の結節点など。

②**有機的必須要素**：国家の存続に欠かせない原材料や石油、電力およびその生産・発電施設など。

③**インフラストラクチャー**：道路、鉄道、飛行場、港湾などの交通網や、有機的必須要素以外の産業の大半など。

④**住民**：国民。倫理的にも国際的にも直接標的とするのは困難だが、間接的に標的とする場合には効果がある。

⑤**戦場に展開する軍隊**：クラウゼヴィッツなどの古典的軍事思想家によれば敵軍隊の撃滅が戦争の勝敗に直結するが、一般的に長期にわたる損害の大きな戦役となる。

る意味で、このアプローチは米陸軍航空隊戦術学校が築き上げた伝統にはっきりと基づいている。これは戦間期に米陸軍航空隊戦術学校が提唱した「産業網理論」を戦略的国家全体に当てはめたものと考えられるかもしれない。

## 3　精密性の台頭

機略戦がうまく機能するため、たとえばウォーデンの「五つの輪」を構成する必然的な標的に命中させるためには、戦争遂行努力が無駄にならないように精密性が求められた。爆撃機団は、あらゆる紛争で「無誘導（ダム）」爆弾を用いて標的を攻撃していた。兵士や戦車、装甲車両の大規模な編成部隊が存在する場合には、これは今日でさえ依然として選択肢になるかもしれない。もっと辛辣に言うと、爆弾が標的に当たらないのであれば、こうしたミッションは不要であるし、無駄である。民間人に対するいわゆる「付随的損害」が引き起こす政治的、法的、道義的問題があるのだからなおさらである。

高性能爆弾を標的まで精確に到達させる手段の探究は、第一次世界大戦からずっと続いている。精密性は経済的にも軍事的にも道理にかなっている。第二次世界大戦中およびその後には、精密爆撃の有効性は、発射される兵器の技術よりも航空機搭乗員の厳しい訓練に頼ることが多かった。精密性の次の段階は、航空機から切り離された後も橋や船、個々の建物など特定の標的まで誘導できる兵器を持つことであった。一九四〇年代から、画像（TV）誘導とレーダー誘導が誘導方式として開発されていた。一九七〇年代から多数のGPS衛星が開発され、宇宙に打ち上げられ、一九九〇年代までに本格稼働するようになると、大きな進歩が訪れた。もともとは航法支援を意図していたGPS衛星は、現在ではしばしばミサイルや爆弾を標的に誘導するために利用されている。

一九九〇年までに、空軍指揮官は政治的指導者たちに対して、必要であれば標的に非常に精確に命中させられるので、民間人の死傷者（付随的損害）を確実にごく少数に抑えられると請け合うことができた。付随的損害の問題と、その結果として精密誘導弾（PGM）を利用する必要性は、年月が経るにつれてますます喫緊の課題となった。精密性は徐々に向上していった。米海兵隊のW・ヘイズ・パークス大佐は、一つの標的を破壊するのに必要なミッション回数は、第二次世界大戦期のB-17「フライング・フォートレス」であれば四五〇〇回、ヴェトナム戦争期のF-105であれば九五回、またF-117ステルス戦闘機であればたった一回で済むと述べている。

これらの進歩により、ダイナミックでうまく組織化されたISTAR〔情報収集・監視・目標捕捉・偵察〕システムによって識別された標的を迅速に叩くことが可能になった。こうして、敵が状況に順応する能力（適応と決断）に障害を作り出せるようになったのである。爆弾そのものを運ぶ道具は、高速で低空を飛行し、自分の身を守ることのできる戦闘爆撃機になった。一部では「戦闘機マフィア」（昔の「爆撃機マフィア」の将軍たちはすでに退役していた）と呼ばれるジョン・ボイドとその取り巻きは、このような飛行機の設計と生産に貢献した。こうして誕生したマクドネル・ダグラスF－15「イーグル」とF／A－18「ホーネット」、またロッキードF－16「ファイティング・ファルコン」は、いまでも世界中で最前線に配備されている。

## 4　ステルス、偵察、情報収集

敵の主要な防空システムを崩壊させ、標的に到達する選択肢には、敵の指揮・統制システムの破壊、戦闘機やミサイルの撃墜、敵のレーダーの妨害が含まれるかもしれない。もう一つの選択肢は、敵の探知から完全に身を隠すことである。「ステルス」技術と呼ばれるようになる技術には、非常に大きな資源が投じられてきた。もちろん、迷彩（カムフラージュ）というアイディアは決して新しいものではない。レーダーの開発とともに、迷彩以外の方法で航空機を隠す取り組みが始まった。第一に、電磁信号がレーダー受信機から逸（そ）れるように、機体の形を変えるという方法がある。第二に、信号が反射しないように、電磁放射を吸収する素材を開発することでも達成できる。一九四〇年代には、レーダーなどの電磁波の反射を減らす表面形状の設計を試みる、きわめて難解な数学の問題に関する研究がドイツで始まっている。最も重要な研究を行ったのは、ドイツの物理学者、アルノルト・ゾンマーフェルトであり、その教え子には量子力学の先駆的研究者であるヴェルナー・ハイゼンベルクがいる。

初期にはU－2などの偵察機でステルス化が試みられたが、成功しなかった。しかしながら、一

図12　F－117ステルス戦闘機

九七〇年代、カリフォルニアにあるロッキード社の伝説的な秘密設計施設——「スカンク・ワークス」と呼ばれた——で働く設計者たちは、ゾンマーフェルトなどの物理学者のアイディアを再発見した。彼らはやがて世界初のステルス機であるF－117「ナイトホーク」を開発し、この機体は一九八三年に作戦に投入できるようになった（図12）。奇妙に角張った直線を持つこの機体について、著名な科学史家のアーサー・ミラーは「空飛ぶキュビズム［立体派］の彫刻」と述べた。F－117が存在するという事実は、一九八八年まで公表されなかった。ステルス戦闘機と呼ばれているけれども、実際には打撃機、別の言葉で言えば爆撃機である。その後に続いたのは、B－2「スピリット」長距離戦略爆撃機である。一機あたり一〇億ドル以上と高額で、異世界を思わせる外観のB－2は二一機しか生産されなかったが、全機が広範に実戦投入されている。

空の管制を利用して、地上の「戦場の霧（フォグ・オブ・ウォー）」を見通し、敵軍についてできるかぎり完全な情勢を明らかにするために、新しい偵察プラットフォームが開発された。最も有効なプラットフォームは、E－8「ジョイント・スターズ」（JSTARS、「統合監視目標攻撃レーダー・システム」）である。これはボーイング707旅客機を改造したもので、監視対象の標的から最大一五〇マイル［約二五〇キロ］離れたところからレーダーやその他の探知システムを利用しながら、敵の支配空域外を飛行する。同機は同時に最大六〇〇台の車両を追跡することができる。湾岸戦争で初めて試作機が使用されたが、完成したシステムとしては、一九九〇年代半ば～末にかけてのボスニア・ヘルツェゴヴィナでの平和維持活動の一環として最初に実戦配備された。

西側の空軍にとって初めてとなる大規模な実戦の試練は、それまで危惧され、予期されていたように、ソ連とワルシャワ条約機構に対して中央ヨーロッパで起きたりはしなかった。実際の試練は中東で発生したのである。

## 5　ペルシャ湾岸の航空戦、一九八〇～九一年

過去三〇年の大半の期間にわたり、ペルシャ湾周辺の地域では多数の紛争が発生しているが、これにはいくつかの大規模な通常戦争も含まれる。このうち最初に起きたイラン・イラク戦争は、一九八〇年にイラク独裁者のサダム・フセインが始めたものである。イランとイラクは、戦場での役割と互いの都市やインフラへの攻撃の両方において、自国の空軍を広範に利用した。イランは一九

七九年のイスラム革命を受けて支援が打ち切られるまで、米国から提供された兵器で武装していた。航空機搭乗員および地上整備員の多くも米国で訓練を受けている。戦争初期には、イランは自国の航空機団を非常に有効に利用していた。しかしながら、革命後にイランに課された制裁が影響しはじめた。予備部品が不足するようになり、イランの産業はその不足を埋めることができなかったのである。

それにもかかわらず、主にソ連製の兵器で武装したイラク空軍が初期の衝突で被った重大な損害から立ち直り、空での主導権（イニシアティヴ）を取り戻すには何年もかかった。イランがイラク国内に反攻を仕掛けると、この戦争は地上での残虐な消耗戦に変わっていく。イラン軍は、ある時にはF‐14戦闘機を空中C2プラットフォームとして利用するなど、米国製の優れた機体を運用し続けるための革新的な方法を発展させた。一九八八年までにイラクは米国の支援を受けるようになり、また一部はフランスから提供された兵器で武装するようになると、空での主導権を握りはじめ、地上でもイラン軍を押し戻した。戦争終結時までに五〇万人が死亡し、両国の軍事能力と経済は疲弊した。

## 6　湾岸戦争

サダム・フセインは、悲惨な経済状況に由来するイラク国民の不満をそらす試みという意味もあって、一九九〇年一一月に隣国クウェートへの侵攻を命令した。この首長国は米国の同盟国であり、イラク軍を国境まで押し戻すために多国籍軍が結成された。多国籍軍を［事実上］率いたのはノーマン・シュワルツコフ米中央軍司令官である。彼の下には、「統合航空構成部隊司令官（ジョイント・フォース・エア・コンポーネント・コマンダー）」であるチャールズ・〝チャック〟・ホーナー空軍中将がおり、米軍の三軍種（空軍、海軍、海兵隊）の航空部隊だけでなく、西側諸国の航空部隊の戦術統制を行った。

　イラクは、最新の技術と兵器を手にする、厳しい訓練を積んだ軍隊を相手にしていただけではなかった。イラクが相手にする大軍は、革新的な戦略思考に沿って運用されることになる。ジョン・ウォーデン大佐は、当初「インスタント・サンダー」と呼ばれる作戦を計画し、ホーナー空軍中将に提案した。ウォーデンが計画していたのは、完全に空軍によって遂行される、イラク国家――彼が提唱する「五つの輪」の図式の中心に位置する意思決定者――に対する作戦であった。ホーナーは当初この作戦に反対していた。デイヴィッド・デプトゥラ中佐率いるチームによって同計画の修正案が練られ、それはクウェート奪還を目的とする、より大規模な「デザート・ストーム」作戦の中核となった。その結果、エア・パワーの威力が破滅的なかたちで示された。本質的には、二つの異なる作戦が遂行された。第一は、「インスタント・サンダー」から発展したもので、イラクのインフラに対する戦略次元の作戦であった。もちろん、本来の意図は、破滅的で多数の死傷者を出してしまう戦場での衝突の必要をなくし、イラク国家に対する「直接的」アプローチをとることである。第二は、戦場のイラク陸軍に対する空からの襲撃であった。

　航空作戦は一九九一年一月に始まった。この作戦は三九日間にわたって実施され、その後には短期間だが非常に激しいクウェート侵攻が続いて、イラク軍を潰走させ、クウェートは解放された。米軍と多国籍軍によるイラク防空網に対する航空攻撃が始まってから数時間後には、イラクは空で有効な抵抗を展開する能力を失った。これにより多国籍軍の爆撃機は、イラク国内に加えて、国家を統制するだけでなく戦場に展開するイラク陸軍を統制する指導者層と指揮・統制システムを攻撃できるようになった。これらのミッションの六〇パーセントで精密誘導弾が使用された。この攻撃でイラクの指導者層は命令を伝えることも情報を受け取ることもできなくなったために、戦略的アクターとしては機能しなくなった。この過程では新技術が大いに役立った。E－3A「セントリー」空中警戒管制機が「航空状況認識図」を確立し、多国籍軍同士の完全な連携が取れるようにした。ECMの広範な使用がイラク側の防衛を惑わし、麻痺させた。ステルス機のミッションは出撃全体の二パーセントにとどまったが、その精確な爆撃は戦略目標（ウォーデンの言う「指導者層」）の四〇パーセントを破壊した。

投下された高性能爆弾の量という点では、「デザート・ストーム」作戦の「戦略」爆撃は、三九日間の航空作戦中にクウェート国内や周辺でイラク軍に投下された爆弾の量と比べれば取るに足らなかった。何千台もの戦車と装甲車両が爆弾と誘導ミサイルで破壊され、数万人のイラク軍人が死亡した。この猛烈な攻撃では、イラク軍兵士と車両の大編成部隊に対する「地域爆撃」任務において巨大なB－52爆撃機も利用された。同機の実戦投入はヴェトナム戦争以来である。心理戦部隊が航空攻撃に基づく作戦を計画し、降伏しなければ何が起こるかをイラク兵に警告していた。それに応じて、数千人のイラク兵が実際に降伏した。全体的にみれば、戦争中に使用された全爆弾のうち、精密誘導弾は九パーセントだけであった。しかしながら、主要なイラク側アセットに対する重大な損害の七五パーセントは精密誘導弾によるものだったとのちに評価されている。

湾岸戦争は、時にエア・パワーの潜在的可能性が完全に発揮された紛争と見なされている。この戦争はエア・パワーによって勝利したと主張されることも多い。「デザート・ストーム」作戦の地上戦フェーズが始まった時、エア・パワーが敵に非常に大きな消耗を引き起こしていたために、イギリスと米国、フランスの地上軍の任務がずっと容易いものになったことは間違いない。エア・パワーは、多国籍軍の死傷者を許容範囲内に収めるうえで大きな役割を果たした（死者は二〇〇人以下で、その相当数は友軍の誤射・誤爆による）。それどころか、米国と同盟国の巨大な軍隊の一員として戦域に展開する方が、統計上はニューヨークで生活するよりも安全だったと言われている。

湾岸戦争は戦術的にも作戦的にも誇らしい勝利であって、ボイド自身および機略戦を信奉する戦士たち両方の考えが正しかったことを示す究極的な証拠と見なされている（ただし、機略戦は陸上・航空アセットが同時に活動するものと見なされることが多い）。また、湾岸戦争はそれ以前の十年間に積み重ねられた多くの訓練と準備の集大成を象徴していた。興味深いことに、これは付随的損害の回避が標的設定・計画立案プロセスの重要かつ必須の特徴となった最初の紛争であった。

しかしながら、湾岸戦争はエア・パワーの真の勝利だったという主張を認める前に、指摘しておくべきことがある。一部のイラク軍部隊は多国籍軍が侵攻を開始する以前に「クウェートから」撤退したけれども、クウェートは米国と同盟国の地上軍によって占領されたということである。これはエア・パワー単独の勝利ではなかった。戦争の決着は戦場でつくに違いないというクラウゼヴィッツの法則は、確かに維持されていたのである。一部の者が主張するように湾岸戦争における航空要素はエア・パワーの利用の極致だったのか、それともより大きな取り組みの重要な一要素にすぎなかったのかは、いまでも論争を呼ぶ問題であり続けている。その結論を出すのは歴史家の仕事である。トニー・メイソン英空軍少将は、享受しうるあらゆる潜在的利点が存在したと指摘する。とくに重要だったのは、天気に加えて、隠蔽（いんぺい）や偽装の機会がほとんどない平坦な地勢、航空基地の設置や燃料補給に必要な施設が容易に利用できたことである。イラク軍は技術の点で一世代おくれていたが、経験豊富なイラク軍司令官たちはこの事実を百も承知であった。

そのうえ、ある程度まで、イラク軍（ソ連製の兵器と、限定的ではあるがソ連軍ドクトリンを用いて活動する大規模な陸空軍）は、まさに多国籍軍が過去三〇年間にわたり戦場で相まみえることを想定して組織され、準備し、武装していたような敵であった。確実に言えることは、エア・パワー単独ではおそらく不十分だったとはいえ、少なくとも航空作戦は軍事的勝利に欠かせなかったのであり、より優れた装備と、訓練を積み準備を整えた軍隊、革新的な計画とドクトリンの組み合わせが持つ潜在的破壊力を実証していた。

## 7　人道的戦争における強制——ユーゴスラヴィア紛争、一九九一〜九九年

湾岸戦争はエア・パワーの戦略的利用の極致と見なされることが多いが、おそらく湾岸戦争以上にこの惹句がふさわしい事例がある。一九九〇年代には、旧ユーゴスラヴィア連邦共和国が崩壊する際に、ナショナリズムに起因する戦争が繰り返されて南東ヨーロッパで何万人もの人命を奪った。一九九二年から一九九五年にかけて、これらの紛争のうちで最も多くの死者を出した紛争がボスニアで猛威をふるった。国連軍は地上と空に展開しており、人道的援助をもたらすのに多少は成功したが、集団虐殺の野蛮な暴力を抑え込むには無力であった。一九九五年七月にボスニア紛争は危機を迎えた。八〇〇〇人以上の男性と少年たちがセルビア軍によってスレブレニツァやその周辺で殺害されたのである。第二次世界大戦が終結して以来、ヨーロッパで起きた一度の大虐殺としては最大であった。これに刺激されて、米国とヨーロッパのNATO加盟国は行動を起こした。一九九五年八月末から九月末の一ヵ月弱の期間に、NATO軍は「ディリバレット・フォース」作戦というコードネームで呼ばれる一連の航空攻撃を実施した。この航空攻撃は大砲の砲撃と組み合わせられていた。戦場に実戦展開するセルビア軍に対する激しい精密爆撃は効果的かつ猛烈なもので、（クロアチア軍の地上での強襲と相まって）ボスニア系セルビア人とその後援者であるセルビアのミロシェヴィッチ大統領自身を交渉のテーブルに着かせた。その結果として結ばれた一九九五年一二月のデ

イトン合意により、ボスニア紛争は終結した。

しかしデイトン合意によって長年にわたるコソヴォ問題が解決することはなかった。コソヴォはセルビア南部の自治州であり、民族的アルバニア人が住民の大多数を占めている。一九八九年以来、セルビア当局者による抑圧のために、アルバニア人分離派反政府軍であるコソヴォ解放軍とセルビアの治安部隊のあいだで低烈度の紛争（反乱）が起きていた。一九九八年には全面的な紛争が勃発した。一九九九年三月に平和維持部隊が引き揚げた後で、NATO軍はセルビア当局に明確に定義された条件［ランブイエ合意］を受け入れるよう強制するため、「アライド・フォース」作戦と呼ばれる航空作戦を開始した。その一方、セルビアによるコソヴォのアルバニア系住民に対する民族浄化運動はすでに着実に進行しており、激しさを増した。ボスニアでそうだったように、短期間の激しい航空作戦で十分だろうと想定されていた。しかしながら、NATOはミロシェヴィッチの政治的意思を見くびっていた。彼はコソヴォをボスニア以上にセルビアにとって重要であると見なしていたのである。「アライド・フォース」作戦は、ミロシェヴィッチがNATOの要求を受け入れるまで七八日間続いた。戦争の初期にクリントン大統領は地上軍による侵攻の選択肢を明確に拒絶していたので、「アライド・フォース」作戦は完全に空から実施された。NATO軍の［交戦による］死者はいなかった。これはNATO諸国、とくに米国において、脆弱な世論の支持をつなぎ止めるうえで重要な要素であった。

コソヴォの航空作戦では、標的設定の優先順位に関していくぶん混乱が目立った。当初は、ボスニアでそうだったのとほぼ同様に、主要標的はコソヴォに展開するセルビア軍であり、作戦は短期間で終了すると予期されていた。ところが、NATOの計画立案者たちが主要標的リスト、ないし「重心」を特定するのに何週間もかかったのである。勝利が訪れたのは、橋や発電所などのセルビアの重要インフラ、また究極的にはミロシェヴィッチとその一族が金銭的利害を有していた産業（たとえば、たばこ工場）に対する戦略的作戦の後であった。非常によく訓練を積み、準備を整えていたセルビアの地上配備型防空システム操作員は、イラクとボスニアにおけるNATOの航空作戦を研究していた。せいぜい一九八〇年代の技術しか持たない彼らは、NATOの土俵の上で競争しようとしても勝ち目がないと結論づけた。この見解は、セルビアが保有する最新鋭のMiG－29戦闘機五機が立て続けに撃墜されると強固なものになった。

セルビア軍は八〇〇発以上のSAMを発射し、NATO機にSAMを回避するために高高度飛行（一万五〇〇〇フィート［約四五〇〇メートル］以上）を余儀なくさせることに成功した。NATOは大して損害を受けなかったが、二機の飛行機が撃墜された。いずれも、ゾルターン・ダニ大佐が指揮する、セルビア第二五〇ミサイル旅団の第三大隊による撃墜であった。最も重要な戦果は、一九六〇年代に開発された旧式SA－3ミサイルによるF－117ステルス戦闘機の撃墜である。ダニは、F－117ステルス戦闘機という兵器プラットフォームの弱点（低速かつ目視観測可能性）に対して、P－18長波レーダー（NATO側呼称は「スプーン・レストD」、一九七〇年設計）の長所をうまく利用した。ダニ大佐は、現在では退役してパン屋を経営している。

エア・パワーの支持者は、湾岸戦争と同じく、的を絞った精密な航空攻撃がいかに戦略的効果を達成しうるかを示す事例としてコソヴォ紛争を持ち上げる。しかしながら、この話には別の側面もある。ミロシェヴィッチが降伏したのは、ロシアが支援の手を引くと脅し、民族浄化運動が国際メディアから批判を受けていた時であった。そのうえ、クリントン米大統領はＮＡＴＯ地上軍によるセルビア侵攻の制限を撤回していた。したがって、直接的な政権交代の脅威がかなり差し迫っていたのである。おそらく地上侵攻の脅威がミロシェヴィッチに最終的に降伏を決断させた一方で、そうした決断を迫られる状況を導いたのは航空作戦であった。

戦略理論家のトーマス・シェリングは、強制（コアーション）を利用する際には、「差し控えられた暴力の脅しは、戦場でのコミットメントよりも重要である」と述べている。ＮＡＴＯはコソヴォ紛争において、常により多くの戦力を投入できるという了解のもと、投入戦力のレベルを徐々に引き上げていったのである。

## 8 結論

二〇世紀後半は、「単独」で用いられたエア・パワーの絶頂期であったと現実に即して論じうるかもしれない。当然ながら、エア・パワーを単独で用いることができるという考えはすべて誤謬（ごびゅう）である。完全に空から戦われた戦争など一つもない。しかしながら、湾岸戦争で賢明かつ冷酷に用いられるエア・パワーの潜在的可能性が示されたことは間違いない。ボスニアおよびその後のコソヴォでは、控えめに言っても、エア・パワーは非常に重要であった。

過去一世紀にわたるエア・パワーの歴史は、もし軍事力がエア・パワー抜きに展開されるとすれば、成功――その意味をどのように判断するにせよ――の可能性は低いということを示している。敵国が空軍を保有しているのに自国は保有していない場合、あるいは空の戦いに敗北した場合、地上（ないし海）の戦いに敗北する可能性が高いし、さらに戦争に負ける可能性も非常に高いということは確かである。この法則の唯一の例外は、反乱というかなり特殊な事例である。これは重要な例外である。コソヴォ紛争以降の二〇年間、米国とその同盟国は、反乱に対してエア・パワーを含む圧倒的な軍事力を行使したところで、望ましい政治的効果は達成されないことを学んでゆくことになる。

# 第8章　軽航空機（エアロスタット）からアルゴリズムまで——二〇〇一～二〇年

航空機と空軍は、二〇世紀のあいだに徐々に通常戦の戦場と海を支配するようになった。二一世紀初頭にもこれらの舞台で重要な役割を果たし続けており、直ちに変化が生じる徴候はほとんどない。軍事「介入」はたびたび起きているし、エア・パワーはその際に好んで利用される道具である。二一世紀初頭の戦争で使用されたすべての航空機は、同じようなハイテク兵器を用いる敵を相手にするために冷戦中に設計されたという事実は、一種のパラドックスといえるかもしれない。中東の砂漠地帯にいる、小銃で武装し、手作りの路上爆弾を用いる程度の反乱者やテロリストと戦うために作られた兵器は一つもなかった。

最近の紛争では、情報［の収集］が目標となるだけでなく、情報そのものが兵器となってきている。サイバー空間という、まったく新しい概念上の戦闘空間が航空戦にもたらされたのである。しかし、サイバー空間がグローバルな影響力を持ち、いかなる既存の諜報（ちょうほう）や偵察の形態と比べてもはるかに高速である可能性があるにせよ、それは情報・諜報戦闘空間の支配（ドミナンス）を達成する方法の一つにすぎないのではないであろうか？

## 1　九・一一、アフガニスタン、イラク

エア・パワーの歴史上、戦略的見地から重要な空爆は少なくとも四つあるといえよう。第一は、一九四一年一二月七日の真珠湾攻撃である。この攻撃は米国を第二次世界大戦に引きずり込んだ。第二は、広島と長崎への原爆投下である。これは控えめに言っても同大戦の終結を画すことになった。第三は、（おそらく）イラクでの一九九一年の「デザート・ストーム」作戦である。第四は、二〇〇一年九月一一日にニューヨークとワシントンDCで起きた同時多発テロである。この時、三機の旅客機がハイジャックされて有人ミサイルとして利用された。四機目は、乗客らが勇敢にも機体の制御を取り戻そうとしたが失敗に終わり、ペンシルヴェニア州シャンクスヴィルに墜落した。

このテロ事件に対する米国の即座の反応は、アフガニスタンに侵攻することであった。同国のタリバン政権は、九・一一攻撃を実行したテロ集団アルカイダを支援・扶助していたのである。アフガニスタンの状況、またタリバンそのものが、失敗に終わった超大国による介入の負の遺産であった。一九七九年にソ連はアフガニスタンに侵攻したが、同国はソ連の支援を受ける政府に対するクーデターが起きた後で一種の大混乱に陥っていた。ソ連は、いまや［米国にとっての］ヴェトナム戦

争のソ連版に直面することになったのである。本来の目的はアフガニスタンを安定させ、同国と国境を接する中央アジアのソ連諸国に騒乱が波及するのを防ぐことであった。一九七九年から一九八九年にかけて、エア・パワーは地上軍支援のため、また単独でも広範に用いられた。単独で用いられる場合には、しばしば報復や警告のために民間人を故意に標的にしていた。ソ連自体に崩壊が近づくと、ソ連は一九八九年にアフガニスタンから撤退した。残された傀儡政府は三年間にわたりなんとか存続したが、一九九二年の混乱のさなかに崩壊することになる。この紛争では一〇〇万人以上が殺害され、さらに何百万人もが住む場所を追われて難民になった。その後の混乱に乗じて、主にかつてソ連と戦った戦士たちからなるタリバンが権力を掌握したのである。

さて、二〇〇一年には、今度は米国がアフガニスタンに介入した。エア・パワーは、タリバンに対する反乱勢力、いわゆる北部同盟を支援するために、幅広く利用された。米国およびＮＡＴＯ諸国の特殊部隊が空爆を指令するために投入され、頑強とはいえないタリバン部隊を壊滅させた。カブールには政府が樹立され、戦争は終わったかに見えた。当時、この作戦は、満足ゆく政治的成果を達成するために圧倒的なエア・パワーを活用する、典型的な「ロー・フットプリント」［少人員］の地上作戦と見なされていた。残念なことに、実際には、タリバンが代表していたような、保守的なパシュトゥン族や同国のその他の派閥が納得できるような政治的合意は存在しなかった。こうして低烈度の反乱が継続した。

一方イラクは、湾岸戦争で大敗北を喫したにもかかわらず、米国とその同盟国に対する敵対姿勢を維持し、米国とその同盟国もイラクを敵視していた。一九九〇年代には経済制裁によりイラクは苦境に陥った。一連の航空作戦（とくに、一九九八年一二月の「デザート・フォックス」作戦）も同様にイラクを苦しめた。これらの航空作戦は、地域大国としての、また大量破壊兵器の保有が想定される国としてのイラクの野心を封じ込めるために計画された。二〇〇三年三月、英米両国の軍隊は、有志連合のさまざまな参加国の支援を受けて、物議をかもす状況のなかでイラクを攻撃した。攻撃は主要な標的に対する空爆で始まった。この精密性と力（パワー）の圧倒的な誇示を指す言葉が「衝撃と畏怖（ショック・アンド・オー）」である。ある意味では、「衝撃と畏怖」というアプローチは、米軍の爆撃をめぐるレトリックからの一種の逸脱であった。敵の戦う能力ではなく、戦う意思を攻撃するという、ドゥーエとトレンチャードが七〇年前に提唱していたような方針を想起させるものだったのである（第3章を参照）。二〇〇三年三月一九日、エア・パワーは敵の意思決定の中枢を直接叩くことができるという考えは、その論理的帰結に導かれた。バグダッド郊外のドーラ農場に対するF－117ステルス戦闘機による一連の空爆は、イラク大統領のサダム・フセイン個人の殺害を狙っていた。これは精密性とステルス性を用いて、いわゆる「斬首攻撃」を遂行しようとする試みである。別の言葉で言えば、「暗殺」ということになるかもしれない。

残念ながら、この攻撃は一人の民間人を殺害し、十数人を負傷させただけであった。諜報が失敗したためである。これらの空爆は、最も精密な航空作戦にさえ常につきまとう諸問題を示している。標的を選択する人間から、兵器を運ぶ手段を経由して標的まで結びつけるさまざまな人的・技術的手段は、「キルチェーン」と呼ばれている。このキルチェーンには二つの根本的な弱点がある。第一は、あらゆる技術的装置は、その装置自体の故障ないし操作者の失敗の影響を受ける。第二に、単に諜報が間違っているかもしれない。精密爆弾の多くは標的に命中するが、それが正しい標的なのかという問題は残るのである。

三週間にわたる作戦の後で、米国が率いる有志連合はイラク軍を敗北させた。米空軍の出撃だけでも四万一〇〇〇回に達したと述べるだけでおそらく十分であろう。その一方で、イラク空軍は一回もミッションを実施することができなかった。しかしながら、通常戦における勝利は最初のステップでしかないことが、やがて明らかになる。二〇〇四年の終わりまでに、イラクは全面的な反乱に巻き込まれていた。二〇〇六年には、タリバンの復活とともに、イラクに続いてアフガニスタンでも反乱が勃発した。

## 2 「緊急事態作戦」、二〇〇三～一八年

イラクとアフガニスタンにおける長期に及ぶ対反乱作戦［米国では「緊急事態作戦」（コンティンジェンシー・オペレーションズ）と呼称］は、近接航空支援の死活的な重要性を再び前面に押し出した。またしても、これらのスキルの多くは改めて学ばれる必要があった。以前の紛争でそうだったように、たびたび戦闘爆撃機が利用された。近接航空支援はいわゆる「有機的」エア・パワーによって

提供されることが多かった。「有機的」とは、つまり支援を受ける部隊に配属されるエア・パワーで、たいていは攻撃ヘリである。近接航空支援の提供に加えて、ヘリコプターは負傷者後送のために常時利用されていた。これは困難な状況で戦う兵士たちの士気を維持するうえで絶対的に必要な能力である。非常に高性能な輸送機が兵士の母国との「空中輸送路（エア・ブリッジ）」を維持しており、兵士たちが作戦域内で配置転換したり、作戦域外へ移動したりする定期的な機会を提供していた。本国の病院への医療後送も、とくに士気に関して非常に重要であった。これはまた必要な時に兵士の増派や装備の輸送を迅速に行うことを可能にしたが、補給物資の大半、七五パーセント以上は海路や陸路で運ばれた。

　これらすべてが空の管制の確保に依存していたことは言うまでもない。ただし、南ヴェトナムでそうだったように、航空機は常に地上からの砲火に晒されており、低空飛行するヘリコプターは機会を見計らって発射される対空砲や対戦車ロケット弾の攻撃を受けた。携帯式地対空ミサイルが反乱者の手に渡らないようにすることに、絶えず諜報の焦点が当てられていた。母国の世論の支持がいくらよく見ても脆弱（ぜいじゃく）な戦争では、こうしたミサイルの攻撃で数百人の兵士が搭乗する輸送機を失うことになれば深刻な影響があったであろう。

　これらの「人間（じんかん）戦争」［ルパート・スミスが提唱する新しい戦争のパラダイム］では、諜報と情報が相変わらず重要であった。手投げ発進ドローンからヘリコプター、大型電子情報収集機まで、航空機は情報収集プラットフォームとして広範に利用された。大型電子情報収集機には、一般的に携帯電話の通信を含む膨大な量のデータを追跡・分析するために利用される、RC‐135W「リヴェット・ジョイント」機（ボーイング707旅客機を改造）が含まれている。本書のなかで、エア・パワーの語彙（装備）は進化するが、エア・パワーの文法（基本的な方法と機能）はほとんど変化しないということを何度も目にしてきた。「リヴェット・ジョイント」や類似のプラットフォームの機能は、「丘の向こう側を見る」ことにすぎないのは確かである。

さらに、ちょうど言語において昔の言葉が予期せぬ復活を遂げるように、エア・パワーにおいても昔のアイディアが再登場する。世界初の航空部隊であるフランス陸軍航空部隊（第1章を参照）は、フランス革命戦争の際に敵の動きを観察するため、早くも一七九四年には係留気球を利用していた。アフガニスタンでは、係留軽航空機（エアロスタット）（本質的には気球）が「部隊防護（フォース・プロテクション）」任務に広範に利用され、警護する基地の警備班に映像を提供する複数のカメラを搭載していた。

## 3 ドローンの成熟

第3章では、一九二〇年代にアフガニスタンやイラク、ソマリアなどの場所で、多数の地上部隊の代わりに航空機を用いることができたということに触れた。これは「航空警察活動（エア・ポリシング）」と呼ばれた。現在は同じ場所で同じ目的のためにドローンが利用されているというのは注目すべきことである。RPAS［遠隔操縦航空機システム、ドローン］には有人機にまさる利点がいくつかある。普通は有人機より航続距離が長く、したがって有人機よりもはるかに長時間にわたって標的上空にとどまることができる。ドローン隊員は、多くの場合に何千マイルも離れた航空基地の小部屋からドローンを操縦し、ミッションのさなかに交代することができる。また、航空機搭乗員が撃墜される可能性は一切ない。空の管制が挑戦を受けない場所では、そもそも有人機であってもその可能性は低いが、当事国の許可を得ずにその領土上空で活動する場合には大きな利点となる。

早くも一九九二年には、イスラエル国防軍はレバノンでRPASを実戦配備している。これは標的の位置を特定し、標的まで（ほかの航空機から発射される）兵器を誘導するためであった。しかしながら、イラク戦争とアフガニスタン紛争のかなり初期から、西側諸国の空軍はドローンにきわめて精密性の高い爆弾とロケット弾を搭載しはじめた。探知されることなく長時間にわたって標的を「監視（オーバーウォッチ）」しながらとどまる能力は、RPASから精密爆撃を実施する可能性をもたらし、二〇〇一年一一月一四日にアフガニスタンのカブール付近で最初の爆撃が実施された。こうした空爆は、ドローン隊員が標的を何日間も、さらには何週間も観察した後で実行されることが多い。ドローンとその操縦者は、燃料が少なくなると交代機に標的を引き継ぐのである。

精密性に関しては、留意すべき点が常にある。こうした兵器は標的に命中するかもしれないが、果たしてそれは正しい標的なのかという問題である。これまでに精密爆撃は何千回も実施されているが、ほとんどの場合に狙った標的に命中するという点では、これらの空爆は精確であることが示されている。当然ながら、爆弾が投下された人物は殺害予定の人物ではなかったとのちに判明することもある。これはこれまでに何度も起きている。標的設定は航空戦においては永遠の課題であり、個人が標的であればより簡単というわけではない。問題はこれ以外にも倫理から道義性、さらに主権まで多岐にわたる。たとえば、標的の上空を飛ぶ有人機のパイロットと、何千マイルも離れた小部屋に座るドローン操縦者のあいだに、道義上の大きな差はあるのであろうか？　相手に殺される可能性なく相手を殺害する能力に、「気軽に標的の殺害を選択するなどの」道徳的危険（モラル・リスク）はあるのであろうか？　ラジコン機のようなものが実行する場合には、主権の侵害はより容易なのであろうか？　これらのドローンが行うことは、実際には超法規的殺人の一形態にすぎないのであろうか？　こうした問題を考えなくてもよくなる日が来る可能性は低い。

　思い出さなければならないのは、ＲＰＡＳが実際に制御（コントロール）されているということだ。その点では、ほかのどの飛行兵器システムや偵察機とも変わらない。違うのは、機体を操作する者が航空機に搭乗していないということである。航空機が自律性を獲得する時には（これは時間の問題である）、言い換えれば空爆について独自に決断を下すために人工知能を活用できるようになる時には、もっと重大な道義的問題、さらには法的問題に取り組む必要があるであろう。こうした航空機はまさに現在開発中である。

　すべての主要な空軍は、相当規模のＲＰＡＳ機団を運用しており、その数を増しつつある。「グローバル・ホーク」（翼幅（よくふく）は三五メートル）などの巨大なＲＰＡＳは、その先祖にあたる冷戦期のＵ－２有人機とほぼ同じように、しばしば敵領土の上空を飛びながら、何日も続くミッションを遂行

図13　イギリス空軍のタイフーン戦闘機と並ぶ、BAE「タラニス」ドローン

する。現在開発中のほかの機種、たとえばBAEシステムズ「タラニス」（図13）は、今日われわれが保有する打撃機に取って代わるかもしれないし、敵の複雑な防空システムをすり抜けることができるかもしれない。こうした能力の潜在的可能性は、二〇一九年九月一四日にいっそう明確になった。この日、十数機のドローン（と数発の巡航ミサイル）が米国からサウジアラビアに提供された高性能な防空システムを突破し、アブカイクの石油精製施設に命中して、サウジアラビアの石油生産に重大な影響を及ぼしたのである。

過去五年ほどのあいだに、兵士の小部隊には最下層の戦術レベルで使用するための戦場ドローンが支給されている。こうしたドローンには人の手よりも小さなものもある。その一例は「ブラック・ホーネット・ナノ」UAVであり、これは個々の兵士によって文字通り角を曲がった先や建物の向こう側に何があるのかを見るために使用される。反乱者と非国家アクターも、比較的安価だが高性能なシステムを偵察任務と攻撃任務の両方に用いている。二〇一七～一八年のいわゆる「イスラム国」（IS）からイラクの都市モスルを奪還する戦いの際に、「イスラム国」の戦士たちは、六五〇ドルほどで市販されている小型のクワッドコプター・ドローンを利用して、イラクと米国、その他の対「イスラム国」有志連合の兵士を発見、手榴弾を投下した。興味深いことに、これは朝鮮戦争以来で初めて、米兵が空からの攻撃に晒された事例となった。

## 4　ハイエンド紛争への回帰？

アフガニスタン紛争とイラク戦争の初期には、苦労せずに軍事的成功を収めることができるように思われた。なるほど、その通りであった。少なくとも、現地の政治的現実が入り込んでくるまでは。残念なことに、西側の戦略家たちは、権威あるカール・フォン・クラウゼヴィッツの「戦争は政治的行為である」という格言を無視してしまった。戦術面では成功を収めたが、成功を作り出すために必要な目的と方法、手段を組み合わせて用いる方針がなかった。別の言い方をすれば、有効な戦略がなかったのである。

反乱者を殺害して、あらゆる戦闘に勝利したとしても、望ましい政治的効果を生み出せないという断絶があった。ヴェトナムで起きたことは、イラクとアフガニスタンでも起きた。二〇〇六年には、イスラエルは、エア・パワーを用いて敵（この場合にはレバノンのヒズボラ）だけでなく敵の心臓部（ハートランド）とインフラに大きな破壊をもたらすことができるかもしれないが、依然として有力な勢力を保つヒズボラがまことしやかに勝利を宣言するのを阻止できないということを悟った。猛攻撃を受けたにもかかわらず、ヒズボラはかなりの軍事能力を維持しており、また有力な政治的アクターであり続けた。二〇一一年のリビアでも、エア・パワーは簡単に勝利をもたらせるという見込みは裏切られた。リビアではNATOのエア・パワーがムアンマル・カダフィの軍隊を楽々と撃破したが、同国は混乱の長い暗闇に呑み込まれただけであった。たしかに西側諸国の軍隊、とくにエア・パワーは、装備が旧式で指揮も稚拙なリビア軍を敗北させるであろう。しかしながら、西側諸国の軍隊は満足できる政治的結果を確保できなかった。そのうえ、リビアでの作戦では、米国以外のNATO諸国の空軍が抱える限界が明らかになった。空爆の半分以上、また偵察や空中給油など空爆を可能にする活動の大半は、米軍機によって実施されていたのである。

とはいえ、現時点では西側諸国の敵ではないにせよ、対抗国である中国とロシアには、一つのメッセージが伝わった。中露両国が西側諸国の空軍、とりわけ米国の空軍に空で勝利する可能性は低いというメッセージである。このため両国は、一九六七年に第三次中東戦争に敗北した後でエジプトが採用したように、対空能力に集中するというアプローチを採用した。このアプローチは、本書執筆時点で、航空作戦における米国の優位を深刻に脅かしている。中国は超音速対艦ミサイルを中心とする空海一体戦略を実施している。これは「接近阻止・領域拒否」（A2AD）と呼ばれており、空母群に対抗することが意図されている。一九九〇年代初頭以降、西側諸国の航空部隊は一つの困難に直面した。緊急事態作戦や平和維持活動、対反乱作戦が相次いだために、ハイエンドの空中戦に向けた訓練と準備が往々にしてしわ寄せを受けたということである。

他国に一歩先んじようとする終わりのないサイクルのなかで、各国の膨大な資源はいまも変わらず戦争の「ハイエンド」にある新技術に注ぎ込まれている。二〇二〇年の本書執筆時点では、「情報優越（インフォメーション・ドミナンス）」と「ネットワーク中心の戦い」が目下の流行語になっている。これらの言葉は、実際には新しい概念や用語ではない。何十年も前からある言葉である。何が新しいかと言えば、それを実現する能力である。やがて、これらの能力は新しい理論やドクトリンを必要とするようになるかもしれない。それどころか、サイバー領域では、新しい思考とドクトリンがすでに適用されている。

## 5　サイバーと情報領域

二〇一七年初め、米空軍の最高情報責任者を務めるウィリアム・ベンダー中将は以下のように述べた。「われわれがすることは何一つとして、またわれわれのミッションはどれ一つとして、1と0〔デジタル信号〕に依存していないものはないのであって、〔われわれのミッションが〕有効であるためには接続性が必要である。敵はそのことを知っているし、敵にも議決権がある」。明らかに、

「オーチャード」作戦（コラム⑤）の際に、シリアの防空関係者は身をもってこれを知ることになった。

本書はサイバー戦の著作ではない（ただし、一部の空軍はサイバーを自分たちにふさわしい任務と見なしている）。米空軍に限っても、第一六空軍（空軍サイバー司令部）――米空軍のサイバー専門部隊――という形で、サイバー戦を専門とする三万二〇〇〇人もの軍人と文民を抱えている。サイバー領域は、現在および将来のエア・パワーを考えるにあたって重要性を増している。

新世代の航空機は、相互の完全な統合が想定される情報システムと見なされている。異なる航空機（現在では「航空プラットフォーム」と呼ばれることが多い）や、航空機が航法支援や標的設定を依存する衛星システム、地上支援や地上管制のあいだの安全なデータリンクを維持する重要性は軽視できない。

もしこれらのリンクが遮断ないし侵害されると、航空機――有人機であれ無人機であれ――はその能力が著しく低下したり、それどころか完全に無力になったりする。二〇一一年一二月には、イランのハッカーたちは米国の極秘RQ‐170ドローンの制御データリンクを遮断したとみられる。その後、ハッカーは同機の制御権を握り、イランの飛行場に着陸させた。サイバー能力が潜在的にきわめて危険なのは、このためである。航空機やコンピュータ・システムをハッキングしてデータリンクを遮断ないし妨害することとは別に、慎重に設計されたコンピュータ・ウィルスを意図的に送り込むのも深刻な問題である。

情報優越は、いまや現代の紛争の重要な要素であると考えられている。史上最も高価な兵器システムであるロッキード・マーティンF－35「ライトニングⅡ」は、しばしば第五世代戦闘機と呼ばれている（第一～第四世代は、徐々に高速化、高性能化するジェット戦闘機であった）。その支持者たちは、F－35は単なる戦闘機ではないと主張する。きわめて強力なコンピュータとセンサーが、機体内外のさまざまな情報源から得られる情報を融合する。これらのシステムすべてを連携させられるなら、史上初めて、パイロットはヘルメットのVRバイザー［ヘッドマウント・ディスプレイ］に投影される空中と地上両方の戦闘空間の完全な状況図を手にすることになる。データリンクは、パイロットの状況認識をほかの航空機だけでなく地上および海上のプラットフォームにも広く伝達することができる。

この状況認識とステルス性、その他の能力の組み合わせは「第一世代の情報・意思決定優勢飛行戦闘システム」を生み出した、というのが一つの見方である。ある評論家は、「これはドゥーエの『バトルプレーン』を思わせる主張だ」と的確な警句を述べている。「バトルプレーン」［原語は *battaglia* ないし *l'aereo da battaglia* であり、戦艦（*le navi da battaglia*）に由来する］とは、『制空』一九二七年版で描かれる多用途航空優越機である。フランス空軍は一九三〇年代にこの概念を実現しようとしたが［爆撃・戦闘・偵察の機能を果たす多用途機として設計されたアミオ143］、完全な失敗に終わった。エア・パワーの歴史は、めったに正しさが実証されることのない大変革の主張で満ちている。むろん、こうした新しい能力は新しい脆弱性を意味する。技術に長ける敵は、重要なデータを伝達するデジタル信号を傍受、妨害、遮断するために多大な努力を払うであろう。

## コラム⑤　目に見えない空襲――二〇〇七年の「オーチャード」作戦

過去数十年、イスラエルは敵対国による核能力の開発を阻止するために行動を起こしてきた。一九八一年六月七日には、イスラエルの戦闘爆撃機がイラク防空網を突破して、バグダッド南東十数マイル［約一七キロ］に建設中だったオシラク原子炉を破壊した。

現在のシリアの防空網は、一九八一年にイラクが展開していたものよりもかなり優れている。二〇〇七年九月六日の早朝、イスラエル空軍の三つの飛行隊（精鋭部隊の「ハンマーズ」飛行隊を含む）から選抜されたF－15とF－16に加えて、少なくとも電子情報収集機一機が、シリア東部の砂漠の都市、デリゾール近くにあるシリア唯一にして極秘扱いのアルキバル原子炉を爆撃した。その数時間後、イスラエル軍の航空機は基地に帰還した。シリア人が最初に空爆について知ったのは、朝番が破壊された原子炉に到着した時であった。

空爆を実施したのはステルス機ではなかったが、イスラエル空軍はそれでも高性能なシリアの統合防空システムを突破することに成功した。シリア人にとって、その前夜に起きた唯一の不自然な出来事は、ある瞬間にレーダー画面が未確認の機影で埋め尽くされたように見えたことであった。これは単なる一時的な不具合であると思われた。すぐに画面が通常の状態に戻ったからである。

報道によると、イスラエルが敵の早期警戒システムを無力化するために使用した兵器は、「コンピュータを不正に動作させる」マルウェアであったという。このマルウェアは、いまだに明らかになっていない脆弱性を利用したか、モサド［イスラエルの諜報機関］の命を受けたスパイによって、あるいは技術的な仕組みや単純なハッキングによってシリアの統合防空システムに送り込まれたとされる。このため、シリアの管制官はイスラエル側の意図に沿った情報しか見ることができなかった。イスラエルは、「オーチャード」作戦という暗号名で呼ばれた空爆が行われているあいだ、シリアの統合防空システムをハイジャックしたのである。この作戦により、シリアの核開発計画は根絶され、核兵器保有を求める野望は取り除かれた。これは戦略的打撃任務で航空機が最も効率的かつ有効に利用された事例であった。「オーチャード」作戦は、まさに読者が本書を読んでいるこの瞬間に、ハイエンドの航空戦がどのように検討され、また実際に遂行されているかを示している。

# 第9章　「逆境を乗り越えて目的地へ」？

ドローンの時代は始まったばかりで、その未来については数多の可能性が議論されている。無人戦闘機が百万分の一秒単位で空中戦と機動飛行に関する決断を下す——こうしたアイディアが実現するのは、現時点では遅くとも二〇年後と考えられている。その時、戦闘機パイロットは存在するであろうか？　戦闘用航空機〔作戦機〕の搭乗員は過去のものとなるのであろうか？　今日の空軍関係者のなかには、航空機に搭乗する人間パイロットの「エアマインデッドネス」〔空軍特有の経験や観点から獲得されるとされる独特な状況認識〕を機械が再現する可能性は低いと主張する者がいる。一方で、F－35を含む大半の航空機は、現時点でさえ地上から操縦することができると指摘する者もいる。それどころか、いわゆる「ウェットウェア」（人間パイロット〔の脳〕）の制約がなければ、航空機のパフォーマンスは向上するだろうと主張する。コンピュータには酸素や暖房、パラシュートは必要ないからである。

従来型の航空機については、新しい種類の役割が検討されている。たとえば、C－17「グローブマスターⅢ」などの大型輸送機を設計変更して、あたかも空中空母のようにドローンを発進させる「母艦」として運用することなどである。エア・パワーの未来を語る者のなかには、一人の操縦者が制御するナノドローンの群れが攻撃や偵察、さらには戦闘機のミッションを遂行すると予測する者もいる。超音速の長距離対空兵器がすでに配備されており、また致死性レーザーなどの指向性エネルギー兵器が試験されている。これらの兵器が空中戦を変化させるのは間違いないであろう。何よりもまず、航空機の機動性を無意味にしてしまうかもしれない。光速で照射される〔指向性エネルギー〕兵器を回避することはできないのである。F－22（第五世代戦闘機）の飛行経験が豊富なパイロットに、第六世代戦闘機はどのような姿になると思うかと尋ねたら、彼はこう答えた。「有人機かもしれないし、無人機かもしれない。ナノボットの群れの可能性もある。よくよく考えてみれば、アルゴリズムかもしれない」。第六世代戦闘機がどのような姿をとるにせよ、それが果たす機能はこれまでと同じである。すなわち、偵察と攻撃を実施し、機動力を活用できるように、空の管制を確保するということである。

では、航空戦については「変われば変わるほど、〔大して〕変わらない」（*plus ça change, plus c'est la même chose*）ということなのであろうか？　冷戦終結後の数十年間には、大きな変化が少なくとも一つある。それは付随的損害が引き起こす政治的影響である。こうした政治的影響は、メディアがますます波及力を増した結果、大衆の意識が大幅に高まったことと相まって、武力紛争法をはるかに重要なものにしている。シリア内戦ではエア・パワーが決定的ではないにせよ相当な役割を果たしたが、この内戦中の出来事は、一部の国々が国際武力紛争法に基づく義務を他国よりも重要視していることを示していた。

エア・パワーと空軍（エア・フォース）は同義ではない。空軍はエア・パワーの独占を主張するが、実際にはエア・パワーを独占しているわけではないし、独占していたこともない。海軍と陸軍の航空部隊は、もはやドゥーエが呼んでいたような単なる「補助部隊」ではない。イスラエルなどきわめて優秀な国防軍の一部は、そもそも真に独立した空軍を一切保有していないのである。陸海軍と海兵隊（米海兵隊が運用する航空部隊はイギリス空軍よりはるかに大規模で武装も優れている）、さらに沿岸警備隊やその他の文民機関（たとえば米中央情報局［CIA］）は、いずれも軍事作戦や防衛のために航空機を配備している。これまでも常にそうだったし、それは今後も変わらないであろう。しかしながら、既存の空軍の側では、独立を求める強い組織的衝動が依然として存在することも確かである。一九二〇年代（またそれ以前）と今日の状況は変わらず、あらゆる軍種間で限られた資源をめぐって相当な競争と論争が頻繁に起きている。

二〇一八年には、世界で最も古い歴史を持つ空軍であるイギリス空軍が創設一〇〇周年を迎えた。今日では、イギリス空軍（その標語は「逆境を乗り越えて目的地へ」（ペル・アルデュア・アド・アストラ）［*per ardua ad astra*］である）とその従兄弟にあたるずっと規模の大きい米空軍などの主要空軍は、航空宇宙軍を自認している。主要空軍は、宇宙空間やすでに言及したサイバー空間、大気空間のすべてで活動する将来をかなり真剣に展望しているのである。「空の大海原（エア・オーシャン）とそこから無限に続く宇宙空間は一体不可分であり、単一の同質的な軍隊によって統制されるべきである」とセヴァスキーは述べた。今日の空軍関係者もこれに同意する。それにもかかわらず、独立した軍事組織としての空軍が今後も存続する可能性については、いまでもたびたび疑問が投げかけられている。

以下に挙げる二つの要素は、空軍の事実上の独立性（正式な独立性ではなく）に不利に作用するかもしれない。第一に、現代の軍隊はますます統合的な性質を持つようになっている。第二に、お金の問題がある。F－35（一機あたり優に一億二〇〇〇万ドルを超える）やP－8対潜哨戒機（一機あたり二億五〇〇〇万ドル以上）などのプラットフォームの費用が急激に増大するとともに、「構造的軍縮」と呼ばれる現象が発生する。単価の上昇ゆえに軍隊の規模が小さくなるのである。空軍が保有できる航空機の数はますます減っている。しかしながら、機体数の減少と能力の減衰は必ずしも一致しない。現代の航空機には、直近の旧型機をはるかに上回る能力がある。

優れた軍事史家であるマーチン・ファン・クレフェルトは、米空軍が最後に敵機を撃墜したのは一九九九年（コソヴォ上空）だと指摘する（ただし、米海軍の戦闘機は二〇一七年にシリア軍の航空機を撃墜した）。しかし、米空軍はこう反論するかもしれない。米国の地上軍は（朝鮮戦争中の）一九五三年四月以来、敵の航空攻撃による死者を出していないと。この事実だけでも、米空軍が敵空軍に対する空の管制の維持に成功してきたことの証左であるのは間違いない。

イギリス空軍の場合、一九四八年にパレスチナのイギリス基地を襲ったエジプト機四機を「スピットファイア」が撃墜したのが最後で（対空砲が別の一機を撃墜）、それ以来、空中戦で敵機を破壊したことはない。一九八二年のフォークランド紛争のさなかに、イギリスの「ハリアー」――そのうち数機はイギリス空軍将校が操縦していたが、これらの機体を所有し運用していたのはイギリス海軍だった――が二三機のアルゼンチン機を撃墜したことは注目に値する。クレフェルトは以下のように論じている。「二一世紀の戦争が主に低烈度のものになると想定すると……おそらく独立したエア・パワーを持つための説得力ある論拠はまったくない」。未来の紛争が「低烈度」になるというのは決して無難な想定ではないかもしれない。別のエア・パワー研究者、ロバート・ファーリーは、米空軍などの独立空軍の創設は間違っていた、またいまでは独立空軍は実に時代遅れで、エア・パワーの役割は他軍種に移管すべきだと論じている。

空軍の構造が同じままか、劇的に変化するかはともかく、確実なことが一つある。何らかの航空機は、いかなる軍事作戦でも重要な要素であり続けるであろうということである。「制空を勝ち取ることは勝利を意味する。空で負けることは敗北を意味し、敵が喜び勇んで押しつける条件を何でも受け入れることを意味する」というドゥーエの言葉は現代に共鳴する。空軍の抱える制約が何であれ、エア・パワーは今日、すべてではないにせよ大半の軍事作戦にとって重要である。二〇一四年に、米空軍のフランク・ゴレンツ大将はこう述べた。「エア・パワーは酸素のようなものだ。十分にあれば、それについて考える必要はない。十分にない時には、それしか考えられなくなる」。

その一方で、制空を確保していると、複雑な問題の解決を試みる際にエア・パワーに頼るという誘惑がついてまわる。実行可能な包括的戦略がなければ、これは失敗するであろう。最初期の未来を語る者たちもこの問題に気づいていた。ライト兄弟が動力飛行機を最初に飛ばしてから六年後の一九〇九年、H・G・ウェルズは『空の戦い』（*War in the Air*）を出版した。そのなかで、ウェルズは空からもたらされた破壊から三〇年を経たロンドンを描いている。静寂に包まれる廃墟のなかを少年と初老の男が歩いている。

「でもなんで戦争を始めたの？」少年は尋ねた。

「自制できなかったのさ」少年の叔父が答える。

「飛行船があるからには、やるしかなかったんだ」

# 訳者解説

本書はFrank Ledwidge, *Aerial Warfare: A Very Short Introduction*（Oxford: Oxford University Press, 2020）の全訳である。なお、訳者が気づいた原書の誤記・誤植については、著者と相談のうえで修正している。訳注は本文中に［　］内に記し、また節見出し・小見出しを加えた箇所がある。

## 著者について

著者のフランク・レドウィッジ（Frank Ledwidge）は、ポーツマス大学ビジネススクールの法学・戦略上級講師（シニア・レクチャラー）を務めながら、クランウェルのイギリス空軍士官学校とハルトン空軍基地でも教鞭を執る、実務家出身の研究者である。実務家としての経験に基づく著作は高く評価され、メディアへの出演や寄稿も多い。

レドウィッジはオックスフォード大学で法学を学び、卒業後は法廷弁護士として活動しながら、イギリス海軍予備士官の訓練を受けた。一九九六年から二〇一二年にかけて、軍人や外交官、人権問題の専門家などさまざまな立場から、バルカン半島やイラク、アフガニスタン、リビアなど、イギリスの軍事的関与の多くに関わっている。たとえば、本書で触れられるボスニアやコソヴォでの平和維持活動には軍事情報将校として派遣され、またボスニアでは戦争犯罪人を追跡するNATOの捜索チームを率いた。欧州安全保障協力機構（OSCE）の使節団に参加してアルバニアや旧ソ連諸国でも司法制度と法の支配を確立するための助言を行ったほか、イラク調査団の一員として大量破壊兵器の捜索に従事した。さらにアフガニスタンとリビアでも、イギリス軍部隊の司法顧問として活動した。

こうした多彩な経験に基づいて、なぜイラクとアフガニスタンにおけるイギリスの軍事的関与が失敗したのかを考察する『小さな戦争に負ける』（*Losing Small Wars*, 2011）を刊行し、ベストセラーとなった。さらに、その続編となるアフガニスタン紛争の真のコストを分析する著作『血の投資』（*Investment in Blood*, 2013）、また博士論文を基に『反乱者の法律』（*Rebel Law*, 2016）を刊行している。

軍事問題の専門家として、著者のウクライナ戦争に関する分析やコメントは各国メディアに採り上げられている。また二〇二二年六月から七月にかけて、ウクライナのシンクタンクの客員研究員としてキーウ（キエフ）に滞在し、軍事能力と民間の強靭性に関する現地調査も行った。

レドウィッジは、キングス・カレッジ・ロンドン戦争研究科の博士課程に在籍しながら、二〇一〇年からイギリス空軍士官学校の講師としてエア・パワーに関するコースを教えはじめた。この過程で空軍士官候補生向けの入門書がないことを知り、執筆したのが本書の基になった*Aerial Warfare: The Battle for the Skies*（Oxford University Press, 2018）である。VSI版はこれから二割ほど枝葉を削り、細かい加筆や修正が加えられている。

## 『航空戦』の内容

陸や海とならんで物理的な戦闘の舞台となるのが空である。陸が地球の表面の三割を占め、海が七割を占めるのに対して、空は地球の全域に及ぶ。現代の戦争では航空戦が重要な役割を果たしているが、人類が空を舞台に戦うようになったのはここ百年ほどのことにすぎない。

本書は、この航空戦の歴史をたどるエア・パワーの入門書である。エア・パワーの四つの役割は、それぞれどのように発展してきたのか。エア・パワーをめぐる理論や各国のドクトリンはどのように進化してきたのか。エア・パワーは単独で安価に政治目標を達成しうると見なす風潮があるが、果たして実際に戦略的効果を発揮することができるのか。また空軍の将来の姿や役割はどのようなものになるのか。これらの論点をめぐる議論を軸に、航空戦が重要な役割を果たした戦争の歴史を振り返る。

エア・パワーの四つの役割とは、①空の管制（制空）、②偵察、③攻撃、④機動力であり、このうち「空の管制」の確保はほかの三つの役割を可能にする鍵である。エア・パワーの役割としては「情報収集・監視・偵察」が最も古く、飛行機が発明される前の一八世紀末には気球が担っていた。

「攻撃」はエア・パワーを行使する主要な手段であり、大きく分けると戦場における近接航空支援、（敵部隊への増援や補給を断つ）阻止攻撃、産業基盤等に対する戦略爆撃の三つがある。「機動力」は比較的新しい役割で、地上戦の趨勢に影響を与えるだけでなく、ベルリン空輸のように戦略的効果を発揮することもある。

第一次世界大戦を経て確立されたエア・パワーは、戦間期にドゥーエ、ミッチェル、トレンチャードなどによって理論化が進んだ。何を標的とすべきかについてはそれぞれ重点が異なるが、彼らはエア・パワーがいかにして戦略的効果を発揮しうるかを考察していた。こうして発展した戦略爆撃の理論は第二次世界大戦中の爆撃機攻勢で実践に移され、一部の論者が主張していたように単独で勝利をもたらすことはできなかったにせよ、統合戦略の一環として活用される場合には戦争の帰趨に大きな影響を及ぼした。大戦後の低迷ののち、ヴェトナム戦争後には、エア・パワー理論にルネサンスが訪れる。精密性とステルス性という能力によって実現が可能になった、ボイドの「機略戦」とウォーデンの新古典的エア・パワー理論というアプローチである。二〇世紀末にエア・パワーは絶頂期を迎えるが、二一世紀の対反乱作戦においては政治目標の達成に失敗した。今後、ハイエンド技術をめぐる競争が激化し、ドローンやサイバー戦などの新しい能力が発展するにつれて、新たな理論やドクトリンが登場するかもしれない。

エア・パワーが単独で戦略的効果を発揮しうるという主張に対しては、著者はきわめて懐疑的である。エア・パワーが真価を発揮するのは、現実に即した統合戦略の一環で用いられる場合である。

また、将来の航空機がどのような姿をとるかは分からないし、独立空軍はもはや時代遅れであると主張する者もいる。著者自身は二〇四〇年代には有人機はほとんど存在しなくなり、また一部の超大国（米中、もしかするとロシアも）を除けば、独立空軍を維持するデメリットがメリットを上回ると考えているようである。このようなさまざまな不確定要素にもかかわらず、今後もエア・パワーが果たす四つの役割は変化せず、エア・パワーの重要性が失われることもないであろう。

## 近未来の航空戦――「ウクライナ戦争」を手がかりに

本書でも指摘されるように、中長期的に見ると、将来は無人機、人工知能（AI）、サイバーなどの要素が航空戦を含む戦争のあらゆる領域に影響を及ぼすのは間違いない。同時に、「大国間競争の再来」という国際環境の変化も考慮しなければならない。西側諸国が航空優勢を握れない航空戦が勃発する可能性があるのである。現在進行中の「ウクライナ戦争」は「対等に近い」（near peer）交戦国同士の戦いであり、近未来の航空戦について多くの示唆を与えてくれる。[1]

この訳者解説の執筆時点（二〇二二年七月末）では、ロシアによるウクライナ侵攻、「ウクライナ戦争」が続いている。二〇〇二年二月二四日に始まった戦争の第一段階にあたるウクライナ首都キーウ攻略は完全な失敗に終わり、四月一八日からは第二段階としてドンバスの戦いが始まった。七月四日にルハンシク州全域がロシアの手に落ち、ドネツィク州での戦闘が続く。ロシア側が軍事作戦を一時的に停止して新たな攻勢に向けた再編を進める一方、ウクライナ軍は南部ヘルソン州での大規模な反攻作戦を開始しようとしているとされる。

この戦争では、エア・パワーの重要性が改めて浮き彫りになった。開戦と同時に、ロシア軍は飛行場を含む軍事施設にミサイル攻撃を開始し、敵防空網制圧（ＳＥＡＤ）を試みた。ところがウクライナ側は米国からの情報提供を受けて航空・防空アセットを移動させており、航空機や防空システムの多くを保全することができたという。ロシア軍は、航空優勢を確保できないうちにキーウ北西郊外にあるアントノフ国際空港（ホストメリ空港）に対する空挺部隊の襲撃を実施したが、ロシア本国との空中輸送路（エア・ブリッジ）を確立することに失敗した。開戦当初にＳＥＡＤに失敗し、ロシア側が航空優勢を獲得できなかったことは、その後の地上戦の趨勢にも多大な影響を与えている。

第二段階のドンバスの戦いでは、ロシア側が東部に戦力を集中させ、一〇対一とも言われる火力の差を活かして漸進していった。ロシア側は近接航空支援を実施できるほどの局地的な航空優勢を握ったとされるが、敵前線を越える航空阻止攻撃は双方ともにほとんど実施しておらず、後方に対する攻撃を担うのは主にミサイルやロケット砲である。とくにウクライナ側は、七月以降、米国から供与されたＨＩＭＡＲＳ（ハイマース）（高機動ロケット砲システム）等の長射程の精密誘導兵器を用いて、ロシア軍の弾薬備蓄や指揮・通信拠点、橋や鉄道などに対する阻止攻撃を実施している。戦争初期には後方に対する攻撃で大きな被害を出したロシア軍のミサイルも、最近では相次いで撃墜されており、その効力を減じている。多くの民間人の被害にもかかわらず、ウクライナ国民の士気を挫くには至っていない。

一方、ウクライナ軍が反攻作戦の舞台に選んだ南部では、空の管制をめぐる状況がやや異なるようである。ウクライナ側の発表によれば、六月後半以降、ウクライナ空軍は南部で攻撃機の編隊による航空阻止攻撃を何度か実施している。これは南部におけるロシア軍の防空能力の低下を示唆している可能性がある。今後ヘルソン州での反攻作戦が本格化するとすれば、その際に航空戦がどのような様相を呈すかは予断を許さない。

二〇二〇年のナゴルノ・カラバフ紛争で大々的に運用されて注目を集めたドローンは、ウクライナ戦争でも情報収集や弾着観測、小規模な爆撃などのさまざまな局面で活躍している。ロシア国内の製油所に対する攻撃に自爆ドローンが利用されたことが確認されており、また戦争序盤のSEAD作戦では双方がドローンを用いてレーダーの位置特定を試みたとされる。[2] ただし、最近ではロシア側が電子戦兵器を活用するようになり、ドローンの有効性がかなり低下したという。[3]

ウクライナ戦争は航空戦のパラダイム・シフトをもたらしたという声もあるが、レドウィッジは、現在起きているのはあくまで漸進的な変化であり、航空戦の本質は変わっていないとの立場をとる。さらに、ウクライナ戦争が地上配備型防空システム（GBAD）の優位を改めて示したことを指摘する。これはきわめて明白であるがゆえにほとんど言及されない。このために交戦国双方は効果的な航空阻止攻撃や近接航空支援を実施することができず、真の「戦場の女王」である砲兵がその重要性をはっきりと主張することになった。[4]

大国間競走の再来は、各国の軍事ドクトリンに見直しを迫っている。たとえば、海洋における接近阻止・領域拒否（Ａ２ＡＤ）の発展を受けて、米海軍は冷戦後の戦力投射（パワー・プロジェクション）を中心とするアプローチから、再び海上管制（シー・コントロール）の獲得を重視するアプローチへと舵を切った。エア・パワーについても同様に、西側諸国は航空優勢を前提とするエア・パワーの戦略的効果を論じる以前に、いかに航空優勢を獲得するかを真剣に検討する必要があろう。[5] 一方、分散して戦力を温存しつつ機を見て反撃し、敵に航空優勢を握らせないウクライナ空軍の戦い方（「防勢対航空」）は、海洋戦略家コーベットの理論に即しているという指摘もある。[6] 単独で大規模なＳＥＡＤを実施する能力のない国にとって、ウクライナの航空戦から学べることは多い。有人機から無人機やミサイルへという漸進的な移行、エア・パワーの手段の変化は継続するであろうが、今後は、航空優勢をいかに獲得するか、また航空優勢を確保できない状況でいかに戦うかに改めて関心が向かうことになろう。

## 簡単な邦語文献案内

以下、初学者向けに簡単な邦語文献案内を付しておきたい。

エア・パワー理論については、ドゥーエとミッチェルの主著がそれぞれ瀬井勝公編著『戦略論大系⑥　ドゥーエ』（芙蓉書房出版、二〇〇二年）と源田孝編著『戦略論大系⑪　ミッチェル』（芙蓉書房出版、二〇〇六年）として刊行されている。ヤン・オングストローム＆Ｊ・Ｊ・ワイデン著／北川敬三監訳『軍事理論の教科書――戦争のダイナミクスを学ぶ』（勁草書房、二〇二一年）の第九章「航空作戦」は、ドゥーエから現代にいたるエア・パワー理論を整理していて有益である。

日本人研究者による著作としては、エア・パワーの入門書として書かれた石津朋之・山下愛仁編著『エア・パワー――空と宇宙の戦略原論』（日本経済新聞出版、二〇一九年）がある。また石津朋之・立川京一・道重徳成・塚本勝也編著『エア・パワー――その理論と実践』（芙蓉書房出版、二〇〇五年）と石津朋之&ウィリアムソン・マーレー編著『二一世紀のエア・パワー――日本の安全保障を考える』（芙蓉書房出版、二〇〇六年）は、理論と歴史の両側面からエア・パワーを考察する論文集である。

航空戦の通史としては、マーチン・ファン・クレフェルト著／源田孝監訳『エア・パワーの時代』（芙蓉書房出版、二〇一四年）がある。エア・パワーの影響力が第二次世界大戦を頂点に減衰しており、低烈度の紛争が主体となる二一世紀には独立した空軍が不要になると主張する論争の書である（クレフェルトの主張の骨子は一九九六年から変わっていない）[7]。英語の著作であるが、最近の大国間競争の再来まで展望する、より中立的でグローバルな視野を持つ著作として、Jeremy Black, *Air Power: A Global History* (Lanham, ML: Rowman & Littlefield, 2016) がある。冷戦中の著作でやや古さを感じさせるものの、郷田充『航空戦力――その発展の歴史と戦略・戦術の変遷』上下（原書房、一九七八～七九年）は主要な航空戦に焦点を絞る優れた通史である。

日本のエア・パワー、とくに航空ドクトリンの歴史については、英語文献に依拠する著作の記述には限界があり、本訳書も例外ではない。この点については、『エア・パワー――その理論と実践』所収の立川京一「第二次世界大戦までの日本陸海軍の航空運用思想」と道下徳成「自衛隊のエア・

パワーの発展と意義」のほか、柳澤潤「日本におけるエア・パワーの誕生と発展1900〜1945年」（『エア・パワーの将来と日本――歴史的視点から（平成一七年度戦争史研究国際フォーラム報告書）』防衛庁防衛研究所、二〇〇六年、七九〜一〇八頁）が参考になる。第二次世界大戦期のドイツ空軍ドクトリンについては、小堤盾「ドイツ空軍の成立――ヴァルター・ヴェーファーと『航空戦要綱』の制定」（三宅正樹・石津朋之・新谷卓・中島浩貴編著『ドイツ史と戦争――「軍事史」と「戦争史」』彩流社、二〇一一年、第一〇章）も詳しい。

このほか、各国空軍史について挙げるときりがないが、木俣滋郎『陸軍航空隊全史』（朝日ソノラマ、一九八七年／光人社NF文庫、二〇一三年）と奥宮正武『海軍航空隊全史』上下（朝日ソノラマ、一九八八年）は、日本の航空作戦の歴史を概観するのに有益であろう。ウィリアムソン・マーレイ著／手島尚訳『ドイツ空軍全史』（朝日ソノラマ、一九八八年／学研M文庫、二〇〇八年）は概略を知るには便利だが、大幅な省略や一章の加筆など全体にわたって訳者の手が入っていることに注意したい。アメリカ空軍の歴史については、源田孝『アメリカ空軍の歴史と戦略』（芙蓉書房出版、二〇〇八年）が平易に書かれた入門書である。また生井英考『空の帝国 アメリカの二〇世紀』（講談社学術文庫、二〇一八年）は、軍事の社会史という観点から米国とその空軍を扱っており興味深い。世界初の独立空軍であるイギリス空軍に関する邦語著作は意外にも少ない。ダグラス・C・ディルディ著／橋田和浩監訳『バトル・オブ・ブリテン1940』（芙蓉書房出版、二〇二一年）は、第二次世界大戦の転機の一つとなった重要な航空作戦に焦点を当てている。

空爆の道義性はエア・パワーの利用と切り離せない重要な論点であるが、本書はこの問題に踏み込んで論じていない。この点については、ロナルド・シェイファー著／深田民生訳『アメリカの日本空襲にモラルはあったか――戦略爆撃の道義的問題』（草思社、一九九六年）とA・C・グレイリング著／鈴木主税・浅岡政子訳『大空襲と原爆は本当に必要だったのか』（河出書房新社、二〇〇七年）が邦訳されている。荒井信一『空爆の歴史――終わらない大量虐殺』（岩波新書、二〇〇八年）は、空爆を経験した著者による鋭い「戦略爆撃」批判である。

自律型兵器やAIなど、未来の航空戦に大きな影響を与える技術については、ポール・シャーレ著／伏見威蕃訳『無人の兵団――AI、ロボット、自律型兵器と未来の戦争』（早川書房、二〇一九年）がある。またセス・J・フランツマン著／安藤貴子・杉田真訳『「無人戦」の世紀――軍用ドローンの黎明期から現在、AIと未来戦略まで』（原書房、二〇二二年）は、軍用ドローンの歴史をたどり、未来の航空戦の一端を見せる。書籍ではないが、山本哲史「無人機とエア・パワー戦略」（『エア・アンド・スペース・パワー研究』第八号、二〇二一年七月、二六～六六頁）は、エア・パワー戦略における無人機の位置づけを整理しており有益である。(8)

## 訳語について

訳語について若干の説明を加えたい。前述のように、本書の著者はイギリス人である。したがって本書は基本的にイギリス空軍ドクトリンに基づいており、日本で比較的知られていると思われる米空軍ドクトリンの用語やその定義とは若干の差異があることに注意が必要である。

とくに、本書ではcontrol of the airを「空の管制」と訳したが、これは一般的に「制空（権）」と訳される用語である。ところが、日本では現在、「制空権」という用語は公的な文書では使用されておらず、代わりにair superiorityの定訳である「航空優勢」という用語で表現されている。[9] こうした経緯から、「制空権」と「航空優勢」は同義であって互換可能であるとの解釈が広まっている。

これ自体は日本固有の歴史的事情があるので仕方がないが、問題は英語圏ではcontrol of the air（およびそれ以前に用いられていたcommand of the air）とair superiorityがそれぞれ別の概念として存在し、また発展してきたことである（ただし、一般的な用法としては互換的に用いられることもある）。現代の英空軍ドクトリンにおける専門的な定義は、本書のコラム①（三〇頁）に示されているように、「航空環境における行動の自由が、敵側ではなく自分側にあるようにすること」であり、これにはさらに「航空優勢」と「絶対的航空優勢」という二つの区分がある。[10] ちなみに、米空軍による定義は「航空領域における敵対者の影響力と比較した際の〔自らの〕影響力の度合いを意味し、通常は均衡、優勢、絶対的優勢に区分される」である。[11] 両者にニュアンスの差はあるが、air superiorityとはcontrol of the airの一つの状態を指すのであって、単なる言い換えではない。

また、control of the airを「制空権」と訳すのは適切かという問題もある。一つには、command of the airという言葉の語感が絶対的すぎるという批判があり、第二次世界大戦を経てcontrol of the airが広く用いられるようになったという経緯がある。[12] 二つの用語はやはり区別すべきであろう。[13] もう一つには、command of the air および control of the air はいずれも状態を指す言葉であって、権限や権力を意味するわけではないということである。command of the air および control of the air は、いずれも海洋戦略の概念である command of the sea および control of the sea から派生している。command of the sea については「制海権」という訳語が当てられることが多いが、古くから権限や権力ではないのだから「権」をつけるのは誤解を招くという指摘があり[14]、近年では「制海」という訳も増えている。このような問題を踏まえると、control of the air を「制空権」と訳すのは、二重の意味で不適切であるように思われる。

以上が、本書で command of the air を「制空」、control of the air を「空の管制」と訳すことにした背景である。「制空権」という言葉に慣れ親しんでいる方には違和感があるかもしれないが、訳者のこだわりをご海容願いたい。なお、以下に空の管制のスペクトラムを図示しておく。

**謝辞**

航空史を専門とする大妻女子大学の高田馨里教授、防衛研究所戦史研究センターの西澤敦二等空佐、また防衛省事務官の中西杏実氏には、校

図　空の管制のスペクトラム

| 空の管制 Control of the Air（←→） | | | | |
|---|---|---|---|---|
| Air supremacy<br>敵の絶対的航空優勢<br>（≒制空） | Air superiority<br>敵の航空優勢 | Air parity<br>航空均衡<br>（拮抗） | Air superiority<br>航空優勢 | Air supremacy<br>絶対的航空優勢<br>（≒制空） |

正中の原稿に目を通していただき、多数の有益なコメントをいただいた。とくに西澤敦二等空佐には、航空自衛官としての立場から詳細に読み込んでいただき、感謝の念に堪えない。創元社の堂本誠二氏には、原稿の細部にまで手を入れていただいた。この場を借りて各氏に御礼申し上げたい。

二〇二二年八月

矢吹　啓

（1）　五月半ばまでの航空戦については、樋口譲次編著／日本安全保障戦略研究所編『ウクライナ戦争徹底分析――ロシア軍はなぜこんなに弱いのか』（扶桑社、二〇二二年）の第五章「航空作戦を分析する」がまとめている。

（2）　Sébastien Roblin, "Russia's War in Ukraine," *Inside Unmanned Systems*, 30 June 2022 [https://insideunmannedsystems.com/russias-war-in-ukraine/].

（3）　Jack Watling and Nick Reynolds, *Ukraine at War: Paving the Road from Survival to Victory*, RUSI Special Report, 4 July 2022 [https://static.rusi.org/special-report-202207-ukraine-final-web_0.pdf].

（4）　Jesicca Genauer, "50. ANALYSIS: Frank Ledwidge on Air Power and the War in Ukraine," *Update from Kyiv* (podcast), 9 June 2022 [https://updatefromkyiv.podbean.com/e/50-analysis-frank-ledwidge-on-air-power-and-the-war-in-ukraine-use-of-air-power-in-ukraine-implications-for-the-future-of-aerial-warfare/]; 著者との対話（電子メール）、二〇二二年七～八月。

（5）　Cf. Justin Bronk, "Getting Serious About SEAD: European Air Forces Must Learn from the Failure of the Russian Air Force over Ukraine," *RUSI Defence Systems*, Vol. 24 (6 April 2022) [https://rusi.org/explore-our-research/publications/rusi-defence-systems/getting-serious-about-sead-european-air-forces-must-learn-failure-russian-air-force-over-ukraine].

（6）　Maximilian K. Bremer and Kelly A. Grieco, "In Denial about Denial: Why Ukraine's Air Success Should Worry the West," *War *on the Rocks*, 15 June 2022 [https://warontherocks.com/2022/06/in-denial-about-denial-why-ukraines-air-success-should-worry-the-west/].

（7） Martin van Creveld, "The Rise and Fall of Air Power," in John Andreas Olsen (ed.), *A History of Air Warfare* (Washington, D.C.: Potomac Books, 2010), p. 369.

（8） https://www.mod.go.jp/asdf/meguro/center/img/03_mujinki_to_airpwr1.pdf.

（9） 柳田修「米軍における『制空権』と『航空優勢』」『防衛研究所ブリーフィング・メモ』（二〇二〇年六月）[http://www.nids.mod.go.jp/publication/briefing/pdf/2020/202006.pdf]。また防衛学会編「航空優勢」『国防用語辞典』（朝雲新聞社、一九八〇年）、一〇四頁によると、「一九六五年以降、〔アメリカ空軍において〕「航空優勢」が主に用いられるにおよび、わが国においても、制空権に代わり用いられるようになった」。

（10） Cf. UK MoD, *Joint Doctrine Publication (JDP) 0-30: UK Air and Space Power*, 2nd ed. (15 Dec 2017), pp. 27–28.

（11） USAF, *Air Force Doctrine Publication (AFDP) 3-01: Counterair Operations* (6 Sep 2019), p. 4.

（12） Milan N. Vego, *Joint Operational Warfare: Theory and Practice* (Newport, RI: US Naval War College, 2009), p. II-66.

（13） なお、柳田はcommand of the airとcontrol of the airを区別するため、それぞれ「征空」「制空権」と訳し分けている。柳田「米軍における『制空権』と『航空優勢』」一頁、注二を見よ。

（14） 海軍大学校『兵語界説』第四版（一九〇七年三月）、二四～二六頁。この小冊子は秋山真之を中心に編纂された。

Schelling, Thomas C., *Arms and Influence* (Yale University Press, 2008).［トーマス・シェリング著／斎藤剛訳『軍備と影響力——核兵器と駆け引きの論理』（勁草書房、2018年）。］

Seversky, Alexander de, *Victory through Air Power* (Simon and Schuster, 1942).［アレキサンダー・P・セヴァースキー著／三輪武久訳『空軍による勝利』（東京出版、1944年）。］

Stephens, Alan, *The War in the Air 1914–1994* (Air University Press, 2002).

Subramanian, Arjan, *India's Wars* (HarperCollins India, 2016).

Tillman, Barrett, *Whirlwind: The Air War against Japan 1942–45* (Simon and Schuster, 2010).

United States Department of Defense, *The United States Strategic Bombing Surveys: European War and Pacific War in WW2, Conventional Bombing and the Atomic Bombings of Hiroshima and Nagasaki* (Department of Defense, original report, 1945).

United States War Department, *Field Manual 100–20: Command and Employment of Air Power (1943)*.

Van Creveld, Martin, *The Age of Air Power* (Public Affairs, 2011).［マーチン・ファン・クレフェルト著／源田孝監訳『エア・パワーの時代』（芙蓉書房出版、2014年）。］

Van Creveld, Martin, Canby, Steven L., and Brower, Kenneth S., *Air Power and Maneuver Warfare* (University Press of the Pacific, 2002).

Warden, Colonel John, *The Air Campaign: Planning for Combat* (Brassey's, 1989).

Wells, H.G., *The War of the Worlds & The War in the Air* (Wordsworth, 2017).

Wills, Colin, *Unmanned Combat Air Systems in Future Warfare* (Palgrave Macmillan, 2015).

Wilson, Kevin, *Blood and Fears* (Weidenfeld and Nicolson, 2016).

Zaloga, Steven J., *Operation Pointblank 1944: Defeating the Luftwaffe* (Osprey, 2011).

Lee, Arthur Gould, *No Parachute: A Classic Account of War in the Air* (Grub Street, 2013).

Lloyd, Nick, *Passchendaele* (Penguin, 2017).

Mason, Herbert Molloy, *The Rise of the Luftwaffe 1918–1940* (Endeavour Press, 2016).

Mason, Tony, *Air Power: A Centennial Appraisal* (Brassey's, 2nd edn, 2002).

Miller, Arthur, *Einstein, Picasso: Space, Time and the Beauty that Causes Havoc* (Basic Books, 2001).

Miller, Russell, *Boom: The Life of Viscount Trenchard, Father of the Royal Air Force* (Weidenfeld and Nicolson, 2016).

Mitter, Rann, *China's War with Japan 1937–1945: The Struggle for Survival* (Allen Lane, 2013).

Murray, Williamson, *Strategy for Defeat: The Luftwaffe 1933–1945* (Air University Press, 1983).

O'Brien, Phillips Payson, *How the War was Won* (Cambridge University Press, 2015).

Olsen, John Andreas (ed.), *A History of Air Power* (Potomac Books, 2007).

Olsen, John Andreas (ed.), *Global Air Power* (Potomac Books, 2011).

Olsen, John Andreas (ed.), *Air Power Reborn* (Naval Institute Press, 2015).

Olsen, John Andreas (ed.), *Air Power Applied* (Naval Institute Press, 2017).

Orange, Vincent, *Tedder: Quietly in Command* (Routledge, 2004).

Orange, Vincent, *Dowding of Fighter Command* (Grub Street, 2008).

Overy, Richard, *The Air War 1939–1945* (Papermac, 1987).

Overy, Richard, *Why the Allies Won*, 2nd ed. (Pimlico, 2006).

Overy, Richard, *The Battle of Britain: Myths and Reality* (Penguin, 2010).

Overy, Richard, *The Bombing War* (Penguin, 2013).

Owen, Robert C., *Air Mobility* (University of Nebraska Press, 2013).

Preston, Paul, *The Destruction of Guernica* (Harper Press, 2013).

Ray, John, *The Battle of Britain: Dowding and the First Victory* (Cassell, 2000).

Renfrew, Barry, *Wings of Empire* (History Press, 2015).

Ritchie, Sebastian, *The RAF: Small Wars and Insurgencies in the Middle East, 1919–1939* (Centre for Air Power Studies, 2011).

Rubin, Uzi, *Israel's Air and Missile Defence During the 2014 Gaza War* (Begin-Sadat Center for Strategic Studies, Mideast Security and Policy Study No. 111, 2015).

*Hawk to Kosovo* (Frank Cass, 2002).

De Villiers, Marc, *Les Aerostiers militaires en Egypte* (Camproger, 1901).

Douhet, Giulio, *The Command of the Air*, ed. Joseph Harahan and Richard Kohn (University of Alabama Press, 2009). ［瀬井勝公編著『戦略論大系⑥　ドゥーエ』（芙蓉書房出版、2002年）。］

Edgerton, David, *England and the Aeroplane* (Penguin, 2013).

Ehlers, Robert S., *The Mediterranean Air War: Airpower and Allied Victory in World War II* (University Press of Kansas, 2015).

Farley, Robert J., *Grounded: The Case for Abolishing the United States Air Force* (University Press of Kentucky, 2015).

Frankland, Noble, *Bomber Offensive: The Devastation of Europe* (Macdonald, 1970).

Gates, David, *Sky Wars: A History of Military Aerospace Power* (Reaktion Books, 2003).

Gates, David and Jones, Ben, *Air Power in the Maritime Environment: The World Wars* (Routledge, 2016).

Gray, Peter, *The Leadership, Direction and Legitimacy of the RAF Bomber Offensive from Inception to 1945* (Birmingham War Studies, 2012).

Gray, Peter, *Air Warfare: History, Theory and Practice* (Bloomsbury, 2016).

Hallion, Richard P., *Taking Flight: Inventing the Aerial Age from Antiquity through the First World War* (Oxford University Press, 2003).

Hamilton-Paterson, James, *Marked for Death* (Head of Zeus, 2015).

Hastings, Max, *Bomber Command* (Pan reprints, 2010).

Heaton, Colin D. and Lewis, Anne-Marie, *The German Aces Speak: World War II through the Eyes of the Luftwaffe's Most Important Commanders* (Zenith, 2011).

Heuser, Beatrice, *The Evolution of Strategy* (Cambridge University Press, 2011).

Higham, Robin, Greenwood, John T., and Hardesty, Von (eds.), *Russian Aviation and Air Power in the Twentieth Century* (Frank Cass, 1998).

Higham, Robin and Harris, Stephen J. (eds.), *Why Air Forces Fail* (University Press of Kentucky, 2002).

Kennedy, Paul, *Engineers of Victory* (Penguin, 2014). ［ポール・ケネディ著／伏見威蕃訳『第二次世界大戦　影の主役――勝利を実現した革新者たち』（日本経済新聞出版、2013年）。］

Lacroix, Desire, *Les Aerostiers militaires du Chateau de Meudon* (Auguste Ghio, 1885).

Lardas, Mark, *World War I Seaplane and Aircraft Carriers* (Osprey, 2016).

## 推奨文献リスト


Bergman, Ronen, *Rise and Kill First: The Secret History of Israel's Targeted Assassinations* (Random House, 2018).

Bergstrom, Christer, *The Battle of Britain: An Epic Conflict Revisited* (Casemate, 2015).

Biddle, Tami Davis, *Rhetoric and Reality in Air Warfare: The Evolution of American and British Ideas about Strategic Bombing 1914–1945* (Princeton University Press, 2009).

Bishop, Patrick, *Bomber Boys: Fighting Back 1940–1945* (Harper, 2011).

Bishop, Patrick, *Wings: The RAF at War 1912–2012* (Atlantic Books, 2012).

British Bombing Survey Unit (with forewords by Michael Beecham and John Huston, and additional material by Sebastian Cox), *The Strategic Air War against Germany 1939–45* (Frank Cass, 1998).

Bronk, Justin, *Maximum Value from the F-35: Harnessing Transformational Fifth-Generation Capabilities for the UK Military* (RUSI, 2016).

Budiansky, Stephen, *Air Power from Kitty Hawk to Gulf War II: A History of the People, Ideas and Machinery that Transformed War in the Century of Flight* (Viking, 2003).

Bungay, Stephen, *Most Dangerous Enemy: A History of the Battle of Britain* (Aurum Press, 2000).

Clodfelter, Mark, *The Limits of Air Power: The American Bombing of North Vietnam* (Free Press, 1989).

Coates, Kenneth A. and Redfern, Jerry, *Eternal Harvest: The Legacy of American Bombs in Laos* (ThingsAsian Press, 2013).

Cohen, Eliezar, *Israel's Best Defense* (Airlife, 1994).

Coram, Robert, *Boyd: The Fighter Pilot who Changed the Art of War* (Little, Brown and Company, 2003).

Corum, James S., *The Luftwaffe: Creating the Operational Air War* (University Press of Kansas, 1997).

Coutelle, Jean-Marie Joseph, *Sur l'aérostat employé aux armées de Sambre-et-Meuse et du Rhin* (Chapelet, 1829).

Cox, Sebastian and Gray, Peter, *Air Power History: Turning Points from Kitty*

Mark Clodfelter, *The Limits of Air Power* (Free Press, 1989), p. 203.

Tony Mason, *Air Power: A Centennial Appraisal* (Brassey's, 2003), pp. 152–66.

Arthur Miller, *Einstein, Picasso: Space, Time and the Beauty that Causes Havoc* (Basic Books, 2001) p. 172.

Thomas C. Schelling, *Arms and Influence* (Yale University Press, 2008), p. 143.［トーマス・シェリング著／斎藤剛訳『軍備と影響力――核兵器と駆け引きの論理』（勁草書房、2018年）、142頁。］

Colonel John Warden, *The Air Campaign: Planning for Combat* (Brassey's, 1989), pp. 104 and 146.

## 第8章　軽航空機からアルゴリズムまで――二〇〇一～二〇年

General William Bender, 'Address to Carnegie Council', Washington DC, 8 March 2017, available at <https://www.carnegiecouncil.org/studio/multimedia/20170308-breaking-barriers-the-unitedstates-air-force-and-the-future-of-cyberpower>.

Ross Mahoney, 'Commentary—A Rose by Any Other Name', 9 October 2016, available at <https://balloonstodrones.com/2016/10/09/commentary-a-rose-by-any-other-name/>.「第一世代の情報・意思決定優勢飛行戦闘システム」(first-generation information and decision making superiority flying combat system）というF－35の楽観的な描写を着想したのは、ロビン・レアードである。

## 第9章 「逆境を乗り越えて目的地へ」？

Martin van Creveld, 'The Rise and Fall of Air Power', in John Andreas Olsen (ed.), *A History of Air Warfare* (Potomac Books, 2010), pp. 369–70.

Giulio Douhet, *The Command of the Air*, ed. Joseph Harahan and Richard Kohn (University of Alabama Press, 2009), p. 29.［瀬井勝公編著『戦略論大系⑥ドゥーエ』（芙蓉書房出版、2002年）、54頁。］

General Frank Gorenc, farewell address as Commander Allied Air Command, and Director Joint Air Power Competence Centre, August 2016, available at <https://www.japcc.org/nato-airpower-last-word/>.

Alexander de Seversky, 'On Strategic Organisation', *Air Force*, June 1958, vol. 41, no. 6, pp. 83–8.

Winston Churchill, *The Second World War*, Vol. 5: *Closing the Ring* (Houghton Mifflin, 1951).［ウィンストン・S・チャーチル著／佐藤亮一訳『第二次世界大戦』(河出書房新社、2010年)、第四巻。］

Richard P. Hallion, 'U.S. Air Power', in John Andreas Olsen (ed.), *Global Air Power* (Potomac Books, 2011), p. 79.

Colin D. Heaton and Anne-Marie Lewis, *The German Aces Speak: World War II through the Eyes of the Luftwaffe's Most Important Commanders* (Zenith, 2011), p. 90.

*Life Magazine*, 28 February 1949, p. 47.

Richard Overy, *Why the Allies Won*, 2nd ed. (Pimlico, 2006), p. 151.［リチャード・オウヴァリー著／河野純治・作田昌平訳『なぜ連合国が勝ったのか？』(楽工社、2021年)、232頁。］

US War Department, *Field Manual 100-20: Command and Employment of Air Power* (1943), chapter 1, section 1, paragraph 1.

## 第５章　第二次世界大戦――太平洋の航空戦争

Hiroyuki Agawa, *Reluctant Admiral: Yamamoto and the Imperial Navy*, trans. John Bester (Kodansha International, 1979), p. 285.［阿川弘之『山本五十六』(新潮文庫、1973年)、下巻、146頁。］

Conrad Crane, *Bombs, Cities and Civilians: American Air Power Strategy in WW2* (University Press of Kansas, 1993), p. 133.

Colonel (Ret'd) Joseph Sweeney, US Air Force Museum Podcast Series, 'B-29 Bockscar', August 2015, available at <http://www.nationalmuseum.af.mil/Portals/7/av/B-29_bockscar_70th_anniversary.mp3?ver=2015-08-28-131128-853>.

## 第６章　冷戦――一九四五～八二年

Mark Clodfelter, *The Limits of Air Power* (Free Press, 1989), p. 11.

Shmuel L. Gordon, 'Air Superiority in the Israel-Arab Wars, 1967–1982', John Andreas Olsen (ed.), *A History of Air Power* (Potomac Books, 2007), p. 147.

Jagan Mohan & Samir Chopra, *Eagles over Bangladesh: The Indian Air Force in the 1971 Liberation War* (HarperCollins, 2013), p. 336.

Colonel John Warden, *The Air Campaign: Planning for Combat* (Brassey's, 1989), p. 165.

## 第７章　エア・パワーの極致――一九八三～二〇〇一年

# 参考文献リスト


## 第1章　エア・パワーの基礎

Robert H. Barrow, 'Annual Address to the Marine Corps Association', *Proceedings,* 1980.

Giulio Douhet, *The Command of the Air*, ed. Joseph Harahan and Richard Kohn (University of Alabama Press, 2009), p. 8.［瀬井勝公編著『戦略論大系⑥　ドゥーエ』（芙蓉書房出版、2002年）、22〜23頁。］

Giulio Douhet, 'Probable Aspects of Future War', in Joseph Harahan and Richard Kohn (eds.), *The Command of the Air* (University of Alabama Press, 2009), p. 162.

Reginald Pound and Geoffrey Harmsworth, *Northcliffe* (Cassell, 1959), p. 325.

## 第2章　幕開け――第一次世界大戦、一九一四〜一八年

Sebastian Cox and Peter Gray, *Air Power History: Turning Points from Kitty Hawk to Kosovo* (Frank Cass, 2002), p. 94.

## 第3章　理論と実践――戦間期、一九一九〜三九年

Giulio Douhet, *The Command of the Air*, ed. Joseph Harahan and Richard Kohn (University of Alabama Press, 2009), pp. 25 and 175.［瀬井勝公編著『戦略論大系⑥　ドゥーエ』（芙蓉書房出版、2002年）、47頁。］

Williamson Murray, *Strategy for Defeat: The Luftwaffe 1933–1945* (Air University Press, 1983), p. 8.［ウィリアムソン・マーレイ著／手島尚訳『ドイツ空軍全史』（朝日ソノラマ、1988年）、32頁。］

National Archives, AIR 10/1214 (1920), 'Results of Air Raids on Germany 1 Jan.–11 Nov. 1918'.

Harry H. Ransom, 'Lord Trenchard, Architect of Air Power', *Air University Quarterly Review*, Vol. 8, No. 3 (Summer 1956), p. 67.

Alan Stephens (ed.), *The War in the Air, 1914–1994* (Air University Press, 2001), p. 41.

## 第4章　第二次世界大戦――西ヨーロッパの航空作戦

Stephen Bungay, *The Most Dangerous Enemy* (Aurum Press, 2000), p. 64.

## 図版出典一覧

図1　フリュールスの戦い（1794）での「ラントレプレナン」
Wikimedia Commons.

図2　ゴータG・Ⅳ爆撃機
Wikimedia Commons.

図3　ジュリオ・ドゥーエ
© Tallandier/Bridgeman Images.

図4　ピカソ『ゲルニカ』
© Succession Picasso/DACS, London 2017. Photo © Fine Art Images/age fotostock.

図5　P-51「マスタング」戦闘機の飛行
© PhotoQuest/Getty Images.

図6　第二次世界大戦時の太平洋地図
Frank Ledwidge.

図7　世界初の核攻撃
National Archives photo no. 542192.

図8　アルジェリア（1956年）
© Reporters Associés/Getty Images.

図9　ソ連が提供したSA-3地対空ミサイル
© Hulton Archive/Getty Images.

図10　OODAループ

図11　ウォーデンの「五つの輪」
J. Warden, *The Air Campaign: Planning for Combat*, 1989.

図12　F-117ステルス戦闘機
US Air Force.

図13　イギリス空軍のタイフーン戦闘機と並ぶ、BAE「タラニス」ドローン
Courtesy of BAE Systems.

## ま行



## や・わ行

## な行



## は行

## た行

## さ行

# 索　引

＊索引の階級は本文中の記述時点での最高位。なお本文では、将軍・提督とある場合のみ階級を記載した。

●著者……………………………………………………………

## フランク・レドウィッジ（Frank Ledwidge）

ポーツマス大学ビジネススクールの法学・戦略上級講師。法廷弁護士。クランウェルのイギリス空軍士官学校とハルトン空軍基地でも教鞭を執る。軍人や外交官、人権問題専門家など様々な立場からバルカン半島やイラク、アフガニスタンなどで活動した経験を持つ。専門はエア・パワー論と現代の紛争、国際人道法。著書：*Losing Small Wars, Investment in Blood, Rebel Law*。

●訳者……………………………………………………………

## 矢吹　啓（やぶき・ひらく）

東京大学大学院人文社会系研究科欧米文化研究専攻（西洋史学）博士課程単位取得満期退学。キングス・カレッジ・ロンドン社会科学公共政策学部戦争研究科博士課程留学。論文・訳書：“Britain and the Resale of Argentine Cruisers to Japan before the Russo-Japanese War,” *War in History*, Vol. 16, Iss. 4 (2009): 425–446.「ドイツの脅威――イギリス海軍から見た英独建艦競争、1898–1918」（三宅正樹・石津朋之ほか編『ドイツ史と戦争――「軍事史」と「戦争史」』彩流社、2011年所収）。J. S. コーベット『コーベット海洋戦略の諸原則』（原書房、2016年）、A. T. マハン『マハン海戦論』（原書房、2017年）、J. ブラック『海戦の世界史』（中央公論新社、2019年）、G. L. ワインバーグ『第二次世界大戦』（創元社、2020年）、リチャード・イングリッシュ『近代戦争論』（創元社、2020年）、ジェイソン・C・シャーマン『〈弱者〉の帝国』（中央公論新社、2021年）。

●シリーズ監修……………………………………………………

## 石津朋之（いしづ・ともゆき）

防衛省防衛研究所戦史研究センター長。著書・訳書：『戦争学原論』（筑摩書房）、『大戦略の哲人たち』（日本経済新聞出版社）、『リデルハートとリベラルな戦争観』（中央公論新社）、『クラウゼヴィッツと「戦争論」』（共編著、彩流社）、『戦略論』（監訳、勁草書房）など多数。

シリーズ戦争学入門

# 航空戦（こうくうせん）

2022年９月20日　第１版第１刷発行

著　者……………………………………………………
フランク・レドウィッジ
訳　者……………………………………………………
矢吹　啓
発行者……………………………………………………
矢部敬一
発行所……………………………………………………
株式会社 創元社
〈ホームページ〉https://www.sogensha.co.jp/
〈本社〉〒541-0047 大阪市中央区淡路町4-3-6
Tel.06-6231-9010㈹
〈東京支店〉〒101-0051 東京都千代田区神田神保町1-2 田辺ビル
Tel.03-6811-0662㈹
印刷所……………………………………………………
株式会社 太洋社


ISBN978-4-422-30084-9 C0331

## シリーズ戦争学入門

# 平和を欲すれば、戦争を研究せよ

好むと好まざるにかかわらず、戦争はすぐれて社会的な事象である。それゆえ「戦争学」の対象は、単に軍事力やその運用にとどまらず、哲学、心理、倫理、技術、経済、文化など、あらゆる分野に及ぶ。おのずと戦争学とは、社会全般の考察、人間そのものの考察とならざるを得ない。
本シリーズが、戦争をめぐる諸問題を多角的に考察する一助となり、日本に真の意味での戦争学を確立するための橋頭堡となれば幸いである。

**シリーズ監修**：石津朋之（防衛省防衛研究所 戦史研究センター長）

**シリーズ仕様**：四六判・並製・200頁前後、本体2,400円（税別）

〈シリーズ既刊〉

**軍事戦略入門**
アントゥリオ・エチェヴァリア著／前田祐司訳（防衛省防衛研究所）

**第二次世界大戦**
ゲアハード・L・ワインバーグ著／矢吹啓訳

**戦争と技術**
アレックス・ローランド著／塚本勝也訳（防衛省防衛研究所）

**近代戦争論**
リチャード・イングリッシュ著／矢吹啓訳

**国際平和協力**
山下光著（静岡県立大学国際関係学部教授）

**航空戦**
フランク・レドウィッジ著／矢吹啓訳

＊著者・訳者の所属等は書籍発行時のものです。